聚氨酯基复合材料的制备与性能

范向前 著

中国原子能出版社

图书在版编目（CIP）数据

聚氨酯基复合材料的制备与性能 / 范向前著. 北京 : 中国原子能出版社, 2024. 10. -- ISBN 978-7-5221-3652-3

Ⅰ. TB383

中国国家版本馆 CIP 数据核字第 20245WH135 号

聚氨酯基复合材料的制备与性能

出版发行 中国原子能出版社（北京市海淀区阜成路 43 号 100048）
责任编辑 白皎玮 陈佳艺
装帧设计 邢 锐
责任校对 刘 铭
责任印制 赵 明
印　　刷 北京金港印刷有限公司
经　　销 全国新华书店
开　　本 787 mm×1092 mm 1/16
印　　张 10.5
字　　数 155 千字
版　　次 2024 年 10 月第 1 版 2024 年 10 月第 1 次印刷
书　　号 ISBN 978-7-5221-3652-3 **定 价** **82.00 元**

前　言

聚氨酯是利用多异氰酸酯与多羟基化合物通过加成聚合反应制备而成的，聚氨酯属于多官能团聚合物，其分子结构中含有氨基甲酸酯基、脲基、缩二脲、脲基甲酸酯等基团。水性聚氨酯（WPU）涂料和聚丙烯酸酯（PA）涂料相比于溶剂型涂料来说，属于“零挥发性有机化合物（VOC）”，毒害性小且绿色环保，是具有多种用途的环境友好型涂料，二者都可广泛应用于各种材料（如纺织品、金属和塑料）的黏合剂或涂层。将这两种高分子乳液进行有机结合，可以潜在地融合高磨损度、韧性、抗撕裂强度、耐化学品性，以及良好的光学性能、耐水性、耐磨性等，以达到将其各自的优点进行结合，将各自的缺点进行互补的目的，从而大大提高材料的使用范围。

在户外使用聚氨酯材料时，紫外线、温度等因素会造成聚氨酯出现黄变、龟裂、机械性能下降等老化问题，而且其老化机理比较复杂，随着聚氨酯组成结构的不同而出现不同的老化降解规律。当聚氨酯材料受到波长范围在290～400 nm 的紫外线照射后，其分子链内部会发生键断裂、交联或者分子内重排，释放出 CO_2 或者 CO，进而使其机械性能降低。与此同时，分子链内会生成有色基团，导致聚氨酯材料的表观颜色逐渐变深。研究不同类型的抗老化改性剂，并根据其老化降解规律通过添加合适的改性剂对于改善聚氨酯材料的耐候性并延长其使用寿命是行之有效的策略。因此，人们开发出了一些典型的有机紫外吸收剂如苯并唑类、受阻胺类，光屏蔽剂如纳米金属氧化物，自由基捕获剂如哌啶衍生物。然而，这些改性剂化合物在实际使用中仍然存在一些问题，比如合成过程烦琐，产率较低，价格昂贵，环境污染较严重，严重限制了其大规模应用。因此，能否研发合成简易、环境友好的新型光稳定添加剂成为了研究人员追求的目标。

因此，本书一方面设计制备了多种结构新颖的亲水性聚氨酯类单体，包括水性聚氨酯脲（WPUU）、烯丙基聚氨酯脲硅烷（PUSi）和端烯基聚氨酯中间体（PUEG），分别将其与丙烯酸酯单体（AC）通过乳液共聚建立化学耦合，探索一种综合性能优异的复合材料。另一方面，本书以常用的聚氨酯材料作为研究基体，探索性地研究了含有共轭结构的特殊化合物（维生素 A 醋酸酯和 β－胡萝卜素）对聚氨酯材料耐光性、抗光老化作用的影响行为和规律，并在此次基础上对共轭结构化合物在聚氨酯材料内部发挥抗老化作用的机理进行了深入的探讨和分析。

目　录

第1章　导　论

1.1　聚氨酯弹性体概述

聚氨基甲酸酯简称为聚氨酯（PU），其分子结构特点是主链中含有重复的特征基团——氨基甲酸酯基（—NHCOO—），分子结构如图 1-1 所示，该基团由多异氰酸酯和多羟基化合物加聚而成。聚氨酯类材料中最重要的一类产品是聚氨酯弹性体，对于聚氨酯弹性体性能的提升，以及应用的扩展，一直是聚氨酯工业发展过程中研究者重点关注的热点。

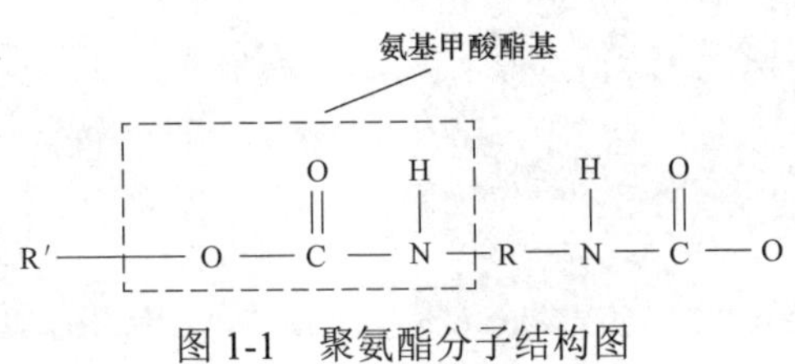

图 1-1　聚氨酯分子结构图

聚氨酯弹性体是介于橡胶和塑料之间的高聚物材料，选择的羟基化合物种类不同和有机反应物的差异，合成工艺方法的改变，制备出的聚氨酯产品性能多种多样，从而使材料本身具有许多潜在性能优于现在已经广泛使用的传统结构材料，例如优良的黏接性、高回弹性、生物相容性良好、耐溶剂性优异，现如今已被业界公认为“第五大塑料”。

随着人类对生活品质要求不断提升，聚氨酯材料在实际应用中的技术要求也在不断提高，功能多样性已经成为聚氨酯弹性体的主要发展方向。目前，聚氨酯材料在各个领域均得到了广泛应用，从高端前沿的航空航天领域到普通的工农业实际生产，从大众化的文体娱乐器材到与人们日常生活息息相关的衣、食、住、行等各个方面（见图 1-2），聚氨酯材料在提高人类生活质量的同时，也给人类的生活带来极大的便利。此外，聚氨酯材料制品也逐渐变成人们生产生活中不可缺少的重要组成部分，并且发展迅速的聚氨酯材料产业已经成为新的经济增长点。

图 1-2　聚氨酯材料的应用领域

1.2 聚氨酯的发展历程

1.2.1 国外聚氨酯发展历程

有机异氰酸酯在自然界中并不存在，能够作为聚氨酯制备中所需原料的只有人工合成的有机异氰酸酯，因此聚氨酯发展的历史起点通常都是以有机异氰酸酯的合成时间作为起始时间。德国化学家伍尔兹在 1849 年以烷基硫酸盐与氰酸钾为原料通过复分解反应成功合成了有机异氰酸酯，这是最早人工合成的有机异氰酸酯，但是当时的科研人员一直未找到异氰酸酯合适的应用领域，未能将它应用到有机高分子合成方面。1937 年德国法本公司的奥托·拜耳（Otto Bayer）首次将异氰酸酯应用在聚氨酯的合成制备中，他们利用较易挥发的六亚甲基二异氰酸酯（HDI）（如图 1-3 所示）和 1,4－丁二醇（BDO）制备得到聚氨酯弹性体。同样，德国也是第一个将聚氨酯材料进行工业化的国家，在化学基础和工业基础方面为世界聚氨酯材料的发展壮大作出了重要贡献。

$$O{=}C{=}N-CH_2(CH_2)_4CH_2-N{=}C{=}N$$

图 1-3 六亚甲基二异氰酸酯结构式

20 世纪 40 年代初期，美国开始对异氰酸酯和聚氨酯的制备进行研究，虽然在合成方面取得了一些研究进展，但是对聚氨酯材料的产品性能和应用开发并没有进行深入的探究。此后，固特异、纳赫和杜邦三家公司在 1952 年将甲苯二异氰酸酯（TDI）进行了商业化应用，基于此才为聚氨酯的研发创造了利好条件，进而也加快了美国聚氨酯材料行业的迅速发展。在 60 年代，美国在聚氨酯原料生产、聚氨酯弹性体开发、聚氨酯制品加工方面逐渐形成了完整、独立的工业体系，因此，美国也逐渐在世界聚氨酯工业中展示出雄厚的实力。

日本聚氨酯工业的发展相较于欧美发达国家来说存在相对滞后的情况，但后期日本是通过引进先进技术以及与外国公司合资研发等手段，使其在聚氨酯产品和工业链中拥有了自己的特色。其一，在聚氨酯的众多产品中，聚氨酯弹性体比重要高于欧美国家很多；其二，中低模量聚氨酯的占比更大，如涂膜防水材料、铺地材料、微孔弹性体、密封胶、黏合剂（见图 1-4）。

图 1-4　中低模量聚氨酯在防水涂料、铺地材料中的应用

在科技与经济飞速发展的 21 世纪，随着聚氨酯生产技术及制备工艺的不断创新，聚氨酯行业的格局发生着翻天覆地的变化。随着人类对高新技术、能源变革、资源紧缺及环境保护的广泛关注，聚氨酯材料也不断向节能、经济、绿色等方向发展，并逐步成为市场和行业的主流。与此同时，研发聚氨酯材料向着多功能化、高性能以及环境友好的方向发

展也必将成为全世界聚氨酯领域科研工作者的研发热点，在现有基础上通过技术创新、理论创新等进一步推动聚氨酯行业的发展。

1.2.2 国内聚氨酯发展历程

20 世纪 50 年代，我国也开始对聚氨酯材料进行研究，但由于所有原料和相关技术几乎都是本土科研工作者开发的，缺少与国外先进技术和经验的交流，处于一种“闭关自守”的状态，从而造成国内聚氨酯行业无论从技术层面还是应用层面，均处于较为落后的状态。随着我国改革开放政策的实施，聚氨酯行业逐渐兴起，积极引进国外的先进技术、先进设备和生产原料，使得聚氨酯材料的制备技术、产品产量、产品性能均有大幅度提高，进而也为我国聚氨酯行业的发展提供了飞速发展的良好契机。随着制备合成工艺的不断改进和发展，我国能够自主开发性能更优异的聚氨酯产品。与此同时，随着材料表征手段的不断发展和成熟，我国能够为聚氨酯材料的应用提供更多的理论机理和理论依据。基于此，我国的聚氨酯材料在各行各业的应用如雨后春笋般不断涌现，应用于军事领域如航空材料、航天材料和航海材料；应用于民用加工如石油开采、工业冶金、采矿设备、水利水电、汽车配件、建筑材料、纺织、印刷、体育用品、医疗器械、粮食加工，聚氨酯材料相关产品均发挥着重要作用。

我国聚氨酯行业在发展初期与发达国家之间存在着较大的差距，包括聚氨酯合成原料方面的差距、合成制备技术方面的差距以及聚氨酯材料加工设备方面的差距等。但随着我国科技和经济的高速发展，聚氨酯行业的广大科技工作者凭借着不懈努力、奋发进取的工匠精神，不断开发先进生产技术、更新研发理念，并虚心借鉴国外先进技术和加工设备，取其精华应用于国内自主产权的聚氨酯材料研发中，从而大大加快了我国聚氨酯材料的研发速度和应用速度，最终在技术上取得突破使我国与世界发达国家的差距逐渐缩小，并逐渐形成具有中国特色的完整聚氨酯产业链（见图 1-5）。

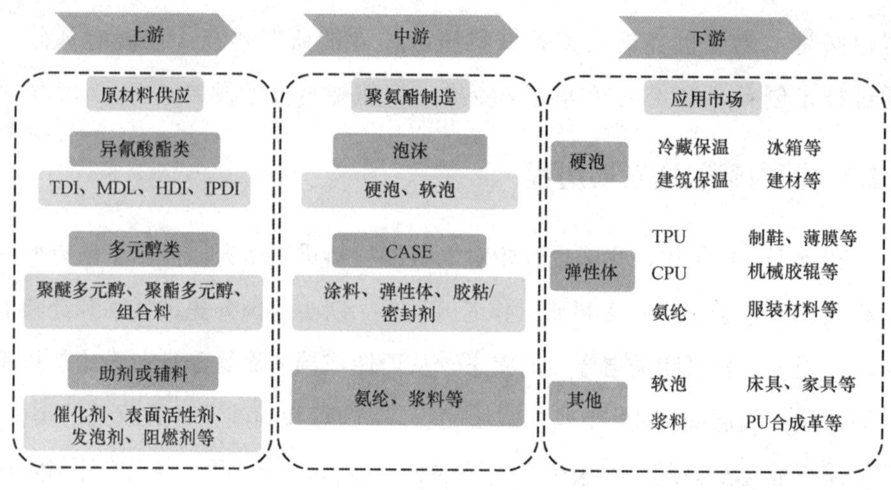

图 1-5　我国聚氨酯行业产业链结构

1.3　水性涂料简介

1.3.1　水性涂料基本概念

现代水性乳液涂料主要由水、有机溶剂、聚合物黏合剂、分散剂、流变学改性剂、颜料、增稠剂和添加剂多种组分组成。其中，聚合物黏合剂是决定最终涂层性能的重要活性成分，其粒子尺寸通常从 20 nm 到 600 nm，这些黏合剂聚合物粒子主要通过自由基聚合反应制备得到。聚合物粒子之所以能够稳定存在，主要是通过粒子表面的酸性单体和表面活性剂所带的电荷和空间位阻而稳定。涂料成膜后涂层薄膜的光泽度等性能可以通过简单调整聚合物黏合剂与无机组分（颜料和增量剂）的比例进行调整，如图 1-6 所示。水性涂料的流变学情况是由流变学改性剂（添加剂的主要成分）所调控的，不同的黏合剂对流变学的反应可能会有很大的不同，这主要是由于流变学改性剂和聚合物黏合剂之间的相互作用不同所导致的。一种重要的流变学改性剂是具有亲水性的环氧乙烷（HEUR）流变改性剂，由于其优越的流动和平整性能，在涂料行业中广泛应用。

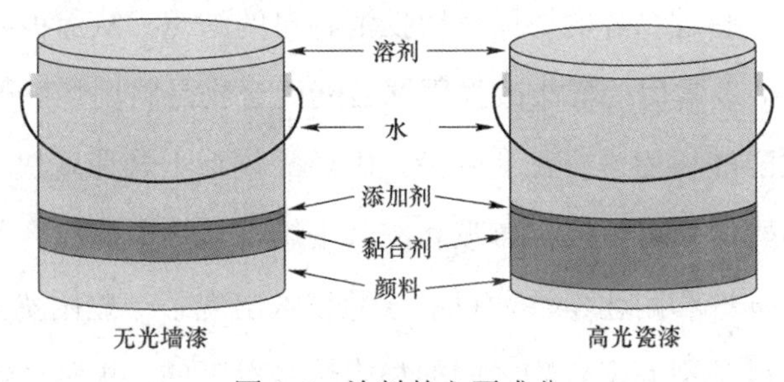

图 1-6　涂料的主要成分

1.3.2　水性涂料的发展

涂层材料在日常生活起着非常重要的作用，从家用涂料到建筑涂料再到道路交通标志等，随处都可以看到涂料的身影，涂料不仅可以满足人们的审美需求，同时也可以对基材表面的防护起到关键作用。涂料行业在过去 60 年里经历了巨大的变化，由于新技术的发展、法规的增加和成本的压力，世界上的大多数地区对于涂料中的挥发性有机化合物（VOC）都实施了非常严格的监管政策，随着环境问题的日益严峻以及人类环保意识的逐渐增强，各级监管机构针对用于建筑和工业的涂料都颁布了相应的 VOC 含量规范文件。这些新规定对于溶剂型聚合物树脂和涂料的使用提出了苛刻的限制条件，尽管溶剂型涂料具有优异的综合性能，但其使用受到了很大限制。传统的聚合物基涂料含有溶剂油或芳香族溶剂，如二甲苯或甲苯，然而在 VOC 法规的严格管控之下，科学家和生产商均已逐渐远离二甲苯和甲苯，并将水作为未来聚合物基涂料的主要溶剂。基于此，水性涂料的开发和应用逐渐成为了热点。

为了得到性能更高的表面涂层，科研工作者需要进行大量的聚合工艺试验，并从中优选所需要的配方。涂料中的高分子聚合物对于涂层的物理化学性质起着非常重要的作用，每种高分子聚合物都有各自的优点和缺点，故而探索混合聚合物的物理化学性质是很有必要的。基于此，聚合物研发者提出了一种经典的聚合物共混技术，也就是将一种聚合物的优点与另一种聚合物的优点相结合，通过二者的协同作用抵消各自的缺点，从而得到性能更优异的聚合物类型。最常用的醇酸改性丙烯酸酯混合物是将丙烯酸酯共聚物与短链或中等链的醇酸树脂进行工业喷涂，丙烯酸体系干燥速度快，黏性低，柔韧性好，而醇酸体系可以提供自吸和空气干燥，与热塑性黏合剂相比，提高了材料的耐溶剂性和耐化学性。目前这种技术出现了一些困扰大家的问题，其中最主要的就是不同聚合物之间的相容性是有限的，从而导致聚合物的干燥时间变长。然而，目前相关研究已经提出可通过改性醇酸树脂酯键中的仲醇羟基来改善符合聚合物涂料的干燥性能。现在几乎所有的溶剂型体系都已经以某种方式转变成了水性体系，水性高固体分涂料在家居、汽车、建筑等诸多行业中得到了广泛应用。

1.3.3 水性涂料的成膜机理

为了实现降低 VOC 水平的挑战，了解乳胶膜的形成过程是很重要的，在过去的几十年中，乳胶膜的形成被广泛地研究。一般认为干燥程序包含三个步骤，如图 1-7 所示，第一阶段，随着水的蒸发黏结剂的浓度越来越高，当浓度足够高时进入第二阶段，黏结剂开始变得非常接近，并且通常在颗粒大小分布足够窄的情况下开始形成一种非常紧凑和有序的排列，随后在第三阶段，当水继续蒸发时，毛细管力克服了静电排斥力而将粒子紧密地推到一起，最终第四阶段形成了连续的胶膜。

这个看似简单的过程实际上是相当复杂的，通过不同的分析工具和计算机模拟研究证明了这一点（见图 1-8）。随着显微镜技术的不断更新，更多的成膜细节已经被揭示出来。例如，发现在第二阶段和第三阶段之间，黏合剂粒子排列在具有胶体晶体特征的区域内并首先在这些区域中结合（见图 1-9 和图 1-10）。

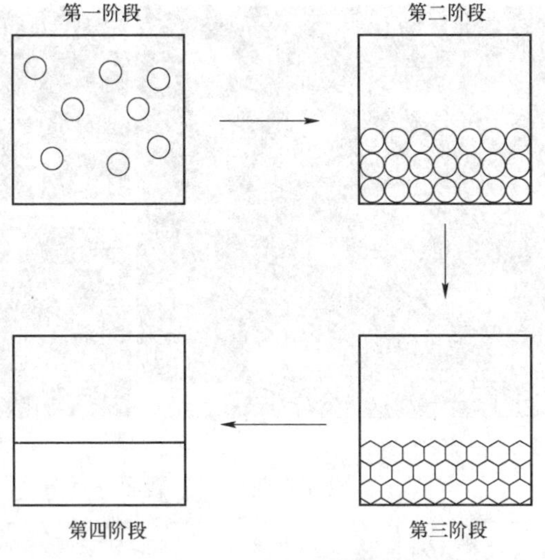

图 1-7 乳液成膜过程的不同阶段

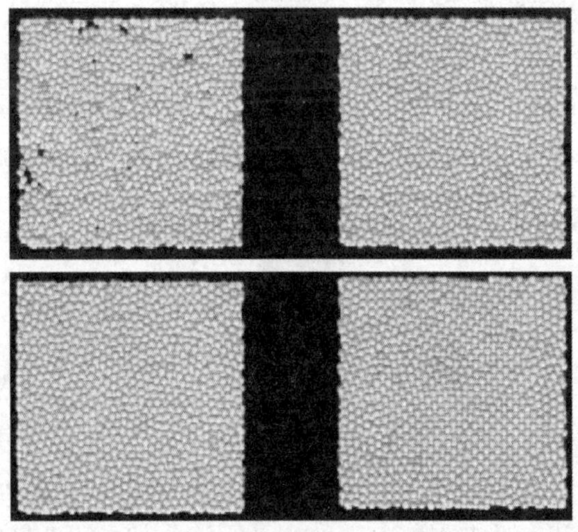

图 1-8 PMMA/PS 乳胶混合膜在不同表面电位下的表面快照

同样，在不同系统的胶体晶体中也观察到类似的现象。此外，胶膜形成通常从空气/水界面和膜边缘开始并传播到基材，因此胶膜的形成也取决于环境的温度和湿度，而膜形成的质量对许多临界涂层性能有直接的影响（见图 1-11）。

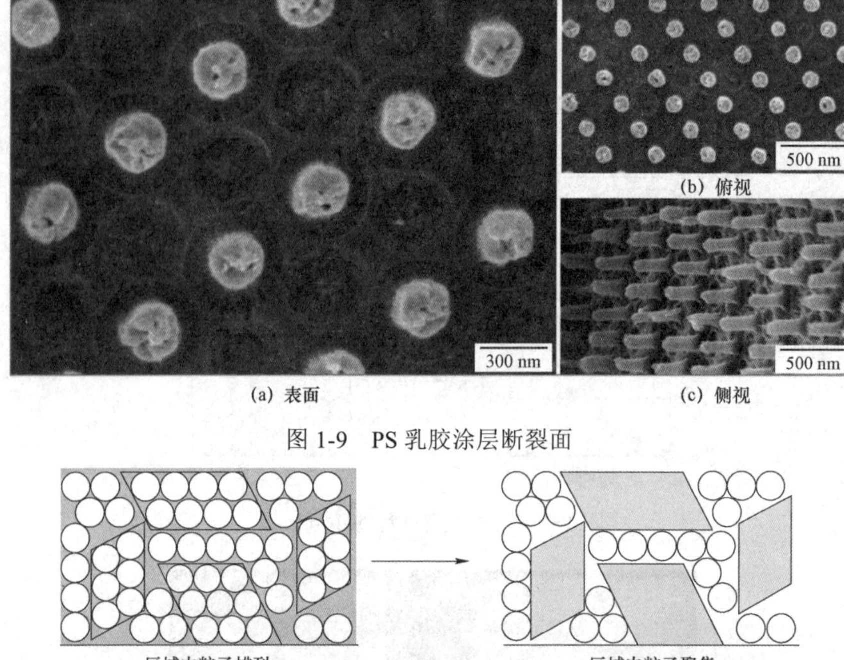

图 1-9　PS 乳胶涂层断裂面

图 1-10　羧基苯乙烯－丁二烯乳胶分散体脱水过程中发生的附加步骤

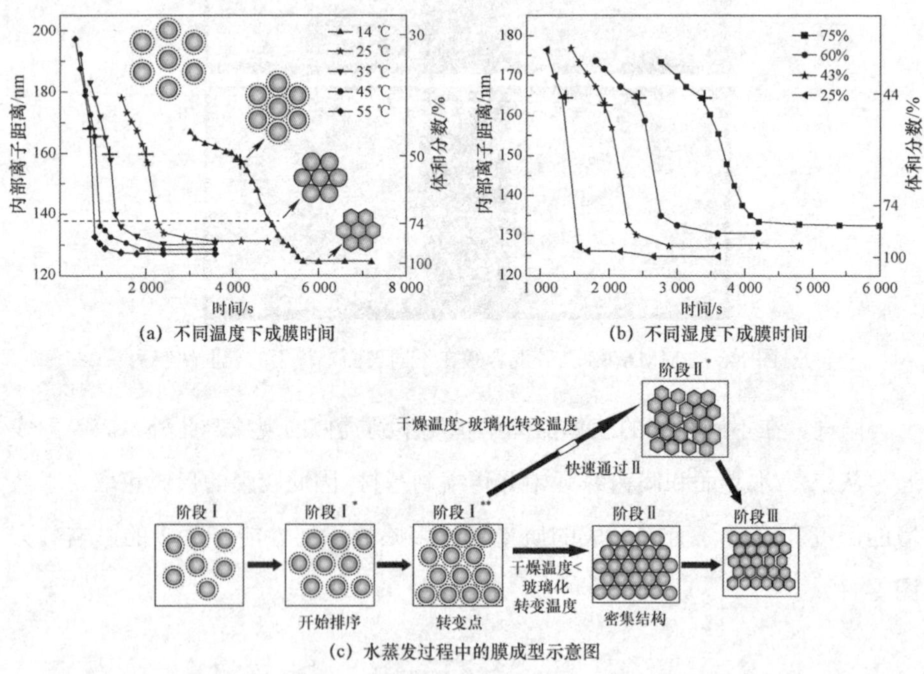

图 1-11　胶膜在不同条件下的形成过程

1.3.4　水性涂料聚合物粒子形态

在聚合过程中，通过控制各种单体在不同阶段的加料顺序和速率，可以改变聚合物黏合剂的形态。图 1-12 显示了不同形态的粒子，最终的聚合物形态取决于反应的热力学和动力学，而不是简单地由加料顺序所决定，通常亲水性单体倾向于停留在粒子的外面，而疏水性单体则嵌入其中。同样地，对聚合物粒子表面功能部位的控制也是如此（见图 1-13）。改变反应条件可能会使不相容的单体无法形成非常清晰的相分离。

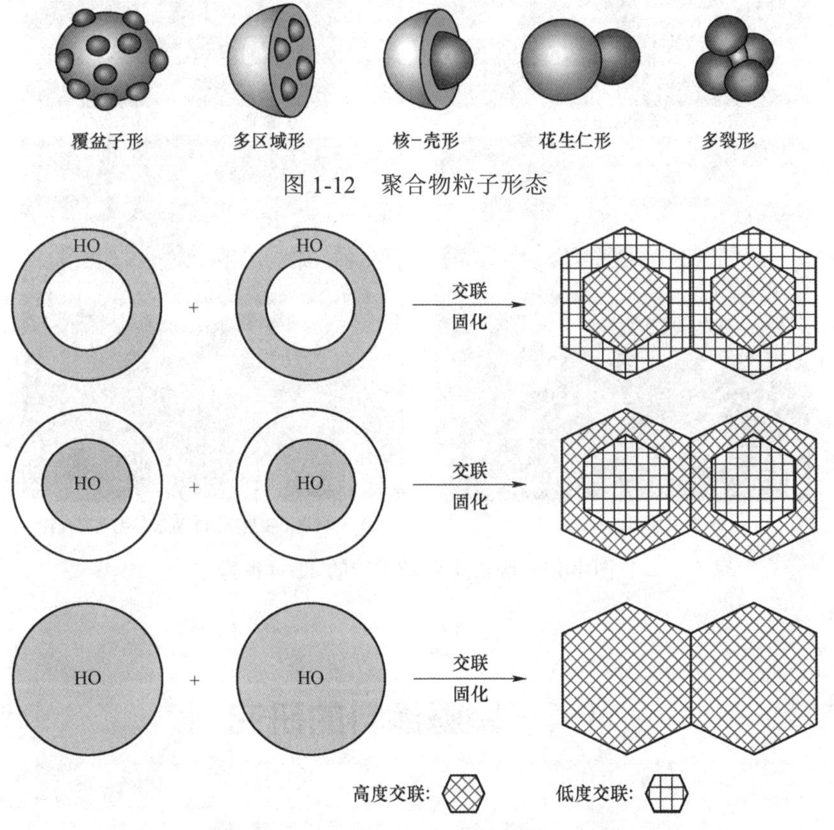

图 1-12　聚合物粒子形态

图 1-13　核－壳乳胶中羟基位置和交联的影响

识别聚合物粒子形态的细节仍然是一种挑战，早期电子显微镜技术还不够先进，无法解决结构问题，目前很多更精密的分析工具已逐渐被用于探究形态学，例如荧光共振能量转移和液体细胞透射电子显微镜（见图 1-14）。尽管存在一些挑战，但这些不同的形态仍然提供了很大的可能性来优化胶黏剂颗粒的性能。

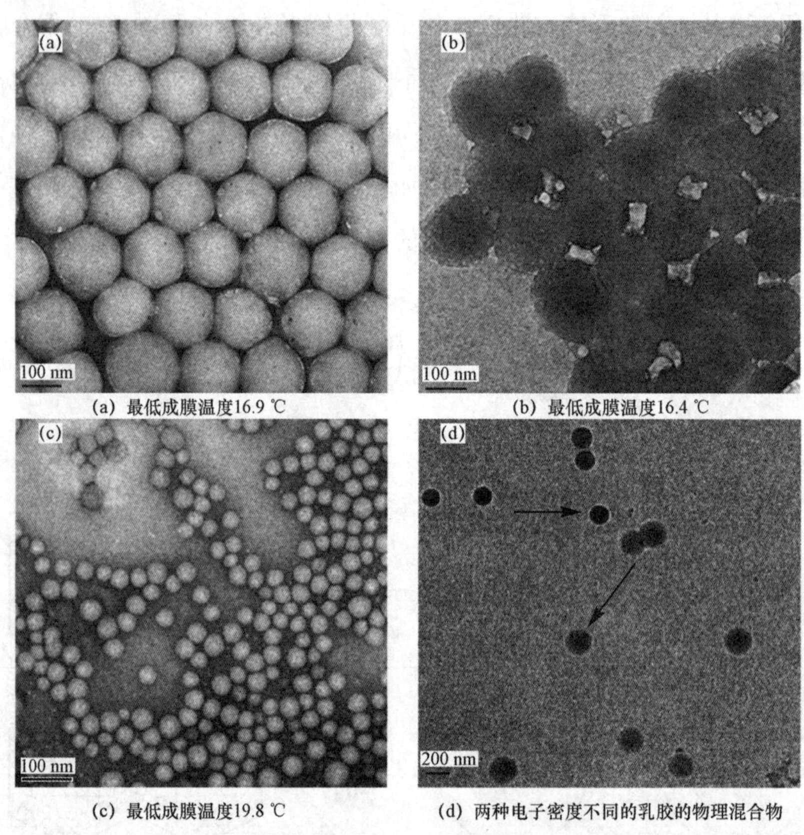

(a) 最低成膜温度16.9 ℃　(b) 最低成膜温度16.4 ℃

(c) 最低成膜温度19.8 ℃　(d) 两种电子密度不同的乳胶的物理混合物

图 1-14　乳液中乳胶颗粒的 TEM 图像

1.4　聚脲涂料的研究

1.4.1　聚脲制备原理

聚脲是一种弹性体聚合物，其合成是发生在两个低聚物（一个是二元胺，一个是多异氰酸酯）之间的一个快速逐步加成反应，其中多异氰酸酯的异氰酸酯基（N=C=O）和二元胺的氨基（—NH_2）反应速度非常快，可以达到通常聚氨酯反应速度的几十倍甚至上百倍。在 20 世纪 80 年代后期商业化中，这类弹性体可以通过选择正确的原材料和设计得到很宽的机械性能，从较软的橡胶到较硬的树脂。典型的氨基和异氰酸酯之间的反应及由此产生的微相结构如图 1-15 所示。

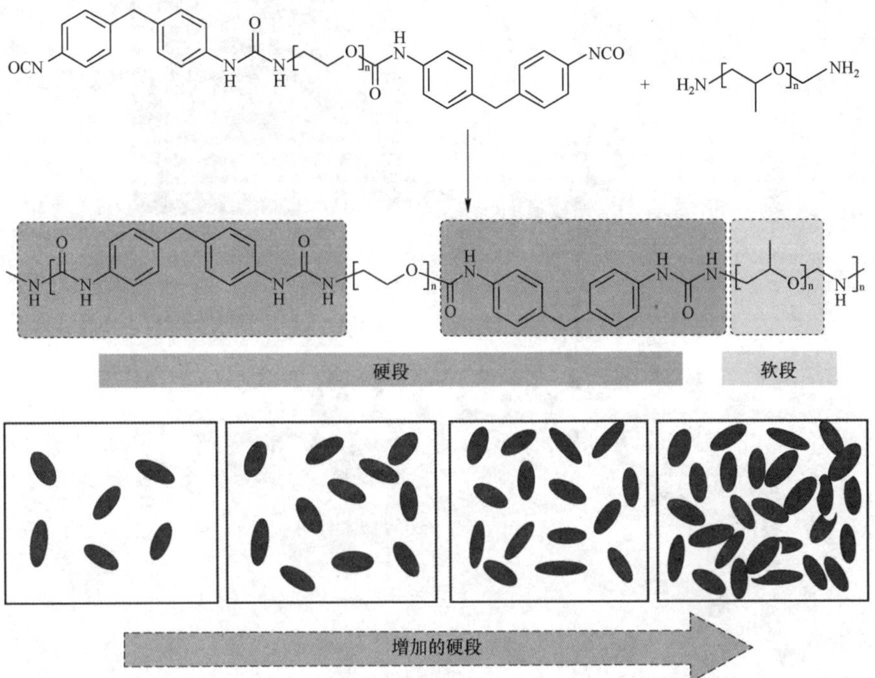

图 1-15 异氰酸酯和氨基反应机理

1.4.2 聚脲优异的性能与微观结构

聚脲含有两个不同特征的微相区，芳香环区域（硬段微区）通过化学键结合并均匀地分散在脂肪族聚合物链的基质中（软段区域），这一特殊结构确保了良好的机械性能并使得这些材料适合应用于很多高强度的特殊领域（见图 1-16 和图 1-17）。对于组成不同的聚脲涂料，其性能变化相当大，较高的脂肪族链段含量增加了柔韧性但是降低了强度；相反，较高的芳香环含量增大了强度但降低了柔韧性。

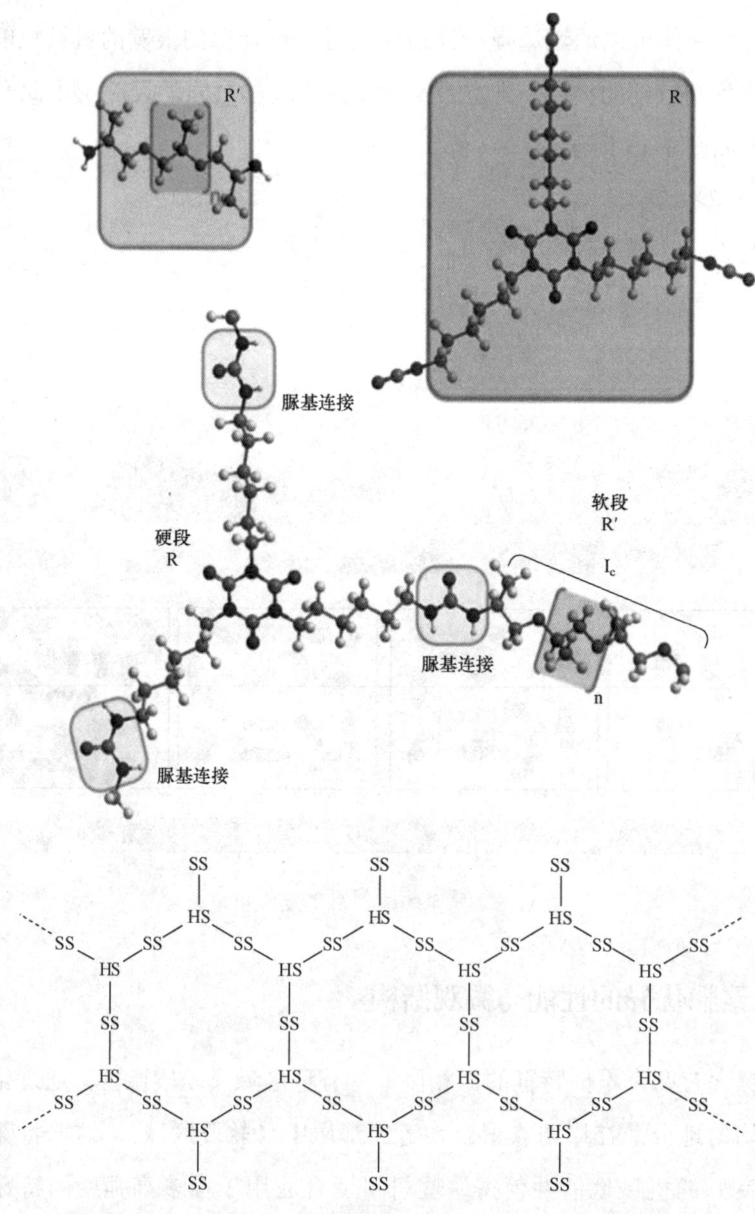

图 1-16　典型的聚脲分子结构及由硬段和软段组成的聚脲分子

注：R 代表交联剂

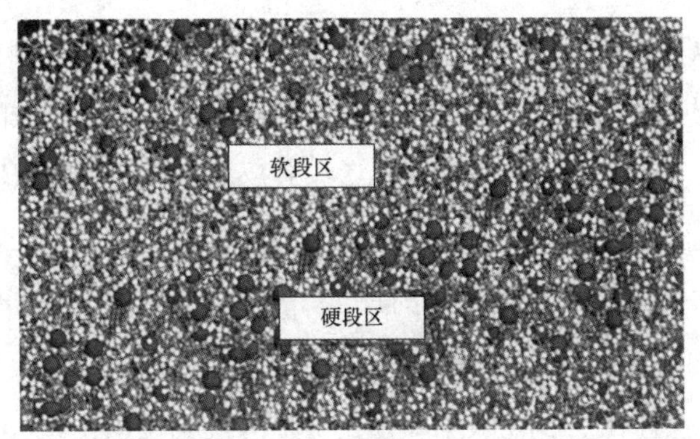

图 1-17 聚脲结构中硬段微区和软段微区

硬段微区由含有氢键的极性脲基连接（NH—CO—NH）形成，如果聚脲是利用芳香族二异氰酸酯制备而成的，则可能是芳香族部分的π-叠加，软段微区由混合良好的硬、软长脂肪族链段组成。在较低氨基的情况下，纳米分离过程导致了完全渗透的硬段微区的形成，脲基之间的氢键导致了纳米级带状硬段的形成，其显示出一个超过环境的玻璃化转变温度而且是相对有序的或结晶的，软段拥有低于室温的玻璃化转变温度，通常低于 – 30 ℃，软段分子量对纳米分离过程同样有深远的影响，影响硬段微区的分离程度和有序/结晶程度。对一系列类似的聚氨酯和聚脲材料进行热机械测定，定量阐明了脲基连接与氨基甲酸酯基和脲基之间性能的差异。聚脲高的熔融点是高内聚能密度（CED）的结果，内聚能被定义为蒸发能（ΔE_{vap}）和摩尔体积（V_m）的比值，而脲基连接对水解作用有抵抗力，因此赋予了聚脲卓越的耐酸性和耐碱性。此外，脲基之间的双齿氢键（见图 1-18）致使体系形成相分离的微结构，这一分离的微观结构使得聚脲在很多特殊领域具有潜在应用价值。

1.4.3 聚脲在涂料中的应用

聚脲也是涂料工业中非常重要的材料，与聚氨酯相比，聚脲展示出更快的固化速度以及良好的稳定性、耐久性和耐化学品性，而且聚脲对不同类型的基材表面均展示出良好的黏合性能，因此在诸多领域中聚脲都展现出极具潜力的应用价值。由于异氰酸酯和氨基反应活性非常高，因此聚脲喷涂涂料即使在 0 ℃以下也展示出快速的固化速度，超常的物理性能例如高硬度、柔韧性、高撕裂强度、高拉伸强度、耐化学性和耐水性。异氰酸酯和氨基的固化反应能够在几秒之内就形成凝胶，意味着反应产物在很大程度上独立于环境温度和湿度，这促使聚脲涂料可以在不同的环境下应用。聚脲涂料的快速固化确保了它们符合“零 VOC”的规定，然而“零 VOC”并不一定意味着完全没有溶剂，很多商业配方都含有反应性稀释剂，不属于挥发性有机物范畴，例如，包含在 A 组分（异氰酸酯）中的烷撑碳酸酯或其他的添加剂，特别是包含在 B 组分中（主要由氨基组成）的着色剂、附着力促进剂等。更重要的是在聚脲的制备过程中不需要催化剂，这在聚氨酯合成过程中是必不可少的原料。

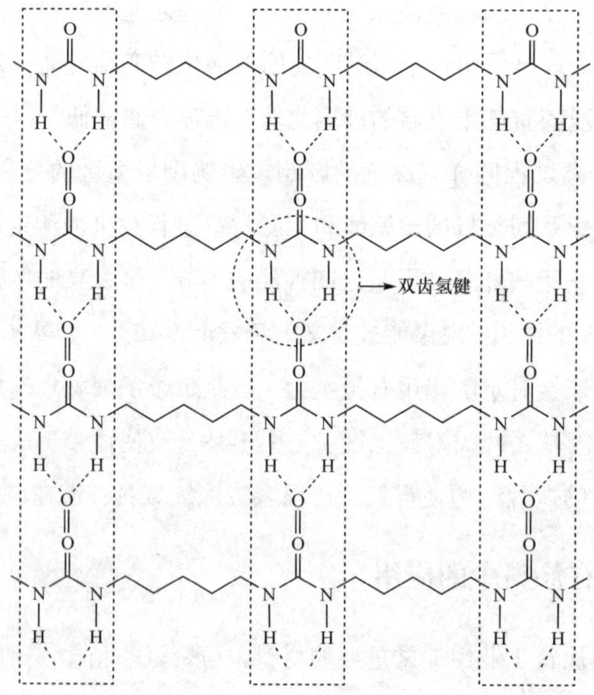

图 1-18　聚脲中脲基之间的氢键

1.5 水性聚氨酯-丙烯酸酯乳液的研究

1.5.1 水性聚氨酯-丙烯酸酯涂料

水性聚氨酯（WPU）涂料是一种具有各种潜在用途的环境友好型材料，无 VOC 或含低 VOC，无毒无污染且不易燃，广泛应用于黏合剂、涂料、表面整理、造纸、纺织等行业。水性聚氨酯技术现在正以迅猛的速度发展，然而聚氨酯涂料一般都比较昂贵，在某些应用中存在成本限制，为了从聚氨酯膜的成型性能中获益，目前在涂料市场中采用低成本材料进行组合是一种常见的新手段，其中最受欢迎的第二组分是丙烯酸酯类，丙烯酸酯类乳液广泛应用于皮革工业涂料中，同时也作为纸张和织物整理剂。

聚氨酯丙烯酸酯的结构类似于梳子，它能够实现集高磨损度、韧性、抗撕裂强度、耐化学溶剂性于一体，进而展示出良好的光学性能、耐水性等性能。各种各样的性能都可以通过重新排列丙烯酸的结构单元而得到，例如，防腐蚀的保护膜和皮革工业、印刷油墨的支架、光学和碳纤维的涂层、气体和液体分离膜、医用材料、作为广告的材料等。在过去的十年中，丙烯酸酯组分进入聚氨酯链已经被许多研究人员广泛地研究，一些研究小组在处理聚氨酯和丙烯酸酯的组合时将这两种不同的聚合物系统进行物理混合（见图 1-19），以期结合每一种聚合物的优点，然而在许多情况下这些混合物呈现了预期的炭化特性，并削弱了优越的性能特性，这是因为两种系统的不相容性导致不同的聚合物以单独的粒子存在。因此，一种更有效的方法是让不饱和聚氨酯树脂和丙烯酸酯在水中发生特殊的共聚反应合成一种共聚物（见图 1-20），使得体系中两种成分都存在于一个单一的聚合物分子中，称为聚氨酯-丙烯酸酯共聚物。

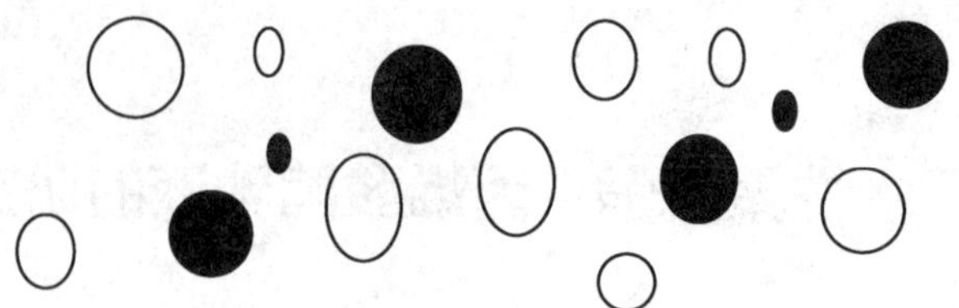

(a) 聚丙烯酸脂-聚氨酯混合液

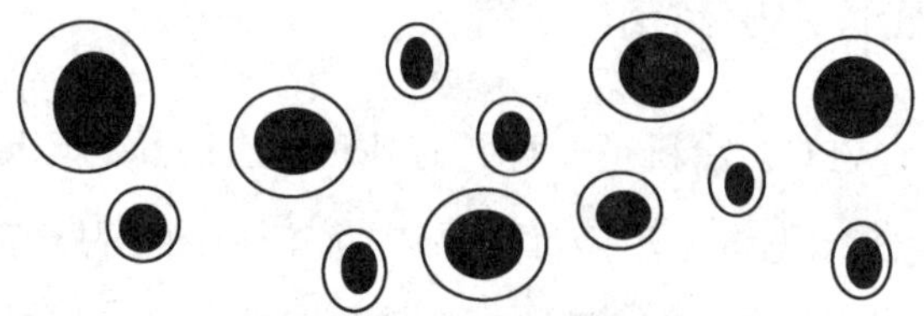

(b) 聚丙烯酸脂-聚氨酯复合粒子

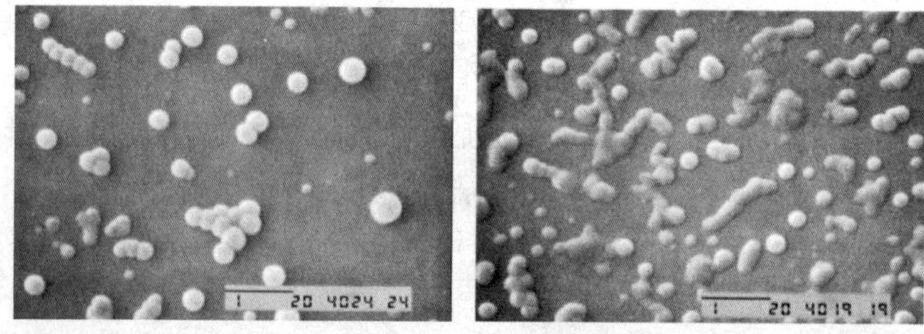

(c) 丙烯酸-聚氨酯混合乳液APE55/158的SEM图像　(d) 丙烯酸-聚氨酯混合乳液的APE60SB的SEM图像

图 1-19　聚氨酯－丙烯酸酯物理复合乳液

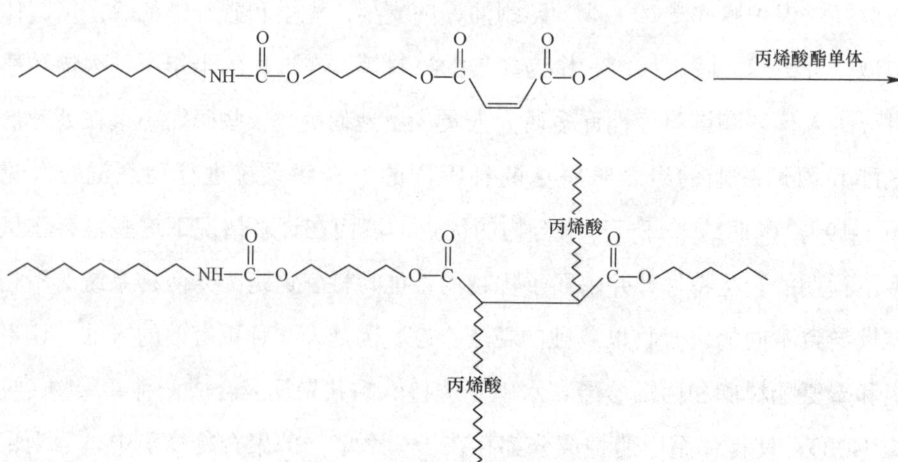

聚氨酯-丙烯酸酯共聚复合物

图 1-20　聚氨酯－丙烯酸酯共聚复合物的聚合过程

1.5.2 硅氧烷改性聚氨酯-丙烯酸酯乳液

众所周知，聚硅氧烷具有独特的性能，如耐高温、低表面张力、低介电常数和高耐臭氧性，将其引入到聚氨酯膜中，可以提高固化膜的热稳定性，通过微结构的改变，降低表面的能量。更重要的是，硅氧烷作为聚硅氧烷的骨架，因为没有不饱和键和更少的紫外线吸收会发生更少的氧化或泛黄。

Zhang 等采用无溶剂方法合成了一种新型聚硅氧烷改性聚氨酯丙烯酸酯乳液（见图 1-21）CSi-PUA，并将聚硅氧烷利用聚羟基丁烯二甲基硅氧烷（PDMS）引入聚氨酯软段中，由混合乳液形成的膜可以明显提高其抗水性。通过傅立叶变换红外光谱仪（Fourier Transform Infrared Spectrometer，FTIR）和透射电子显微镜（Transmission Electron Microscope，TEM）分析了链结构和乳液粒径大小，乳液的平均粒径大约 45 nm，这确保了膜有良好的性能。通过吸水率和动态机械测量等方法研究了 PDMS 含量对耐水性和力学性能的影响，结果表明当 PDMS 含量超过 6.5%时，Si-PUA 有较大的接触角和较好耐水性，同时机械性能也有很大提高。

1.5.3 含氟单体改性聚氨酯-丙烯酸酯乳液

氟化聚合物由于氟原子的低极化和强的电负性而具有许多理想的特性，如独特的表面特性、高热稳定性和良好的耐化学性（对酸、碱和溶剂）。因此近年来，很多学者广泛研究了将氟改性疏水性聚合物引入到防冻涂料、自清洁涂料、防指纹涂料等 UV-固化涂料中（见图 1-22）。当将元素氟引入聚合物时，分子链之间的相互作用会由于氟较低表面能而减少，膜表面富含氟化的物质将导致涂层具有优异的疏水性和疏油性。

Luo 等利用无溶剂方法成功合成了水性氟化聚氨酯丙烯酸酯（WFPUA）的交联核壳乳液（见图 1-23），同时引入了交联剂双丙酮丙烯酰胺和二酰肼，对混合乳液的物理性能，如平均粒度、稳定性、黏度进行了表征，通过 TEM 观察研究了交联 WFPUA 乳液的核壳结构。FT-IR、原子力显微镜（Atomic Force

Microscope，AFM 和 X-射线光电子能谱的研究结果表明，氟化单体（FA）已聚合进入交联水性聚氨酯–丙烯酸酯聚合物中，而且随着 FA 含量增加，氟化基团在膜表面有明显的富集。与此同时，测定了热性能、防水性能、防污性能和力学性能，随着 FA 含量的增加，其热性能和伸长率提高了，但拉伸强度和硬度降低了。

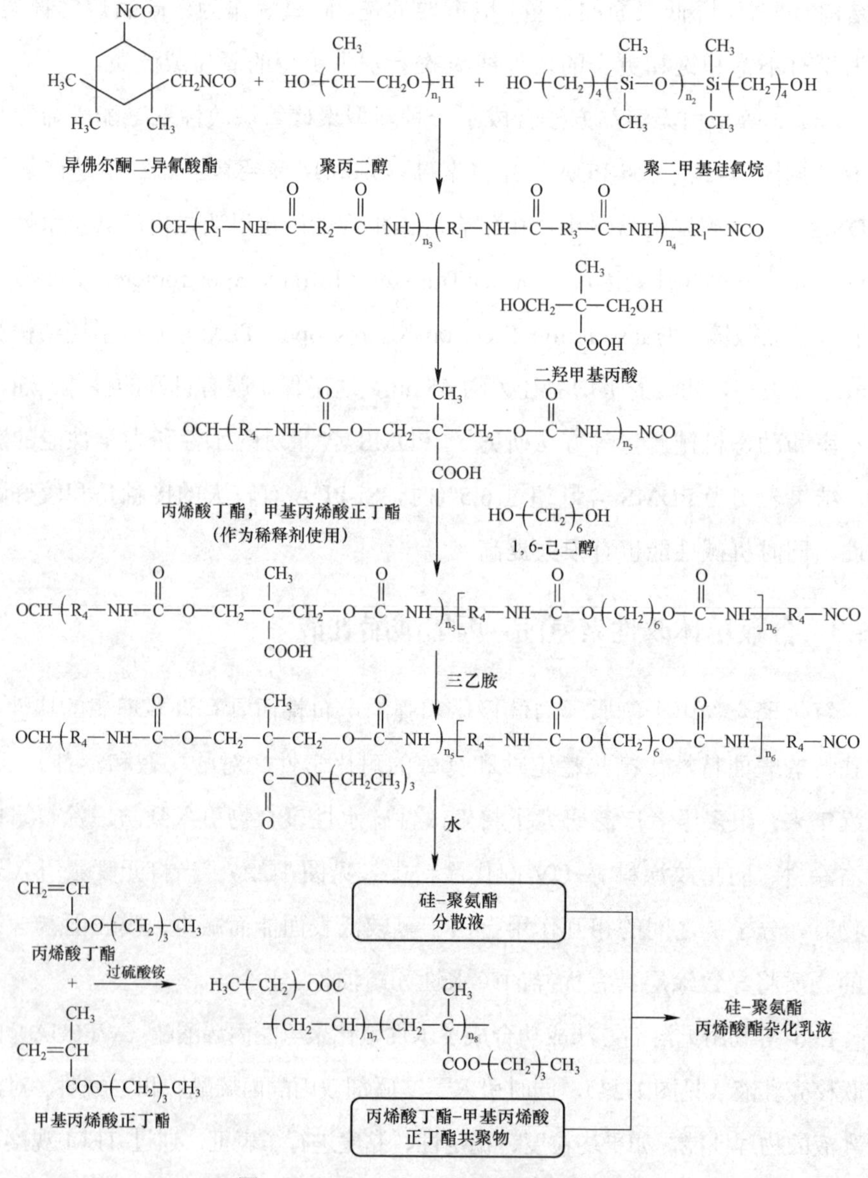

图 1-21　Si-PUA 杂化乳液的制备过程

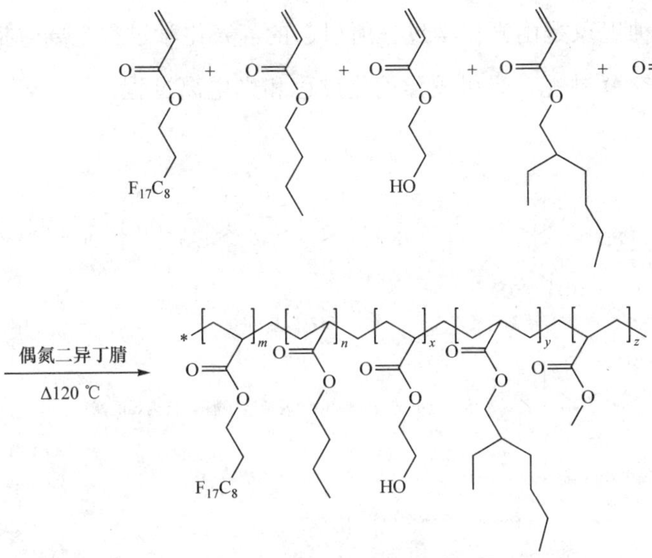

图 1-22 氟改性丙烯酸树脂的合成工艺

1.6 环境因素对聚合物材料的影响

聚氨酯具有良好的阻燃性能和耐高温性能，被广泛应用于航空航天、武器运输、民用结构材料等众多领域。然而，聚氨酯材料在户外环境中使用时，往往会受到环境中紫外线、温度等因素的影响而发生光氧化降解反应，从表观性能观察可发现聚氨酯材料出现泛黄、龟裂等现象，从物理性能定量分析则表现为机械强度降低。

1.6.1 紫外线对聚合物材料的影响

自然环境中影响聚合物材料寿命的最常见因素是太阳光，当太阳光中的能量被材料吸收后，会造成材料内的分子激发到高能态，且材料在受到太阳光的长时间辐照后会发生一系列变化，如变色、粉化、裂纹和脱落现象。当材料吸收的光照能量比其自身化学键能量高时就会发生键的断裂，即分子的解聚反应，这种现象是由光化学过程所引起的，光化学过程主要包括光分解过程、光引发交联过程、光引发异构化过程和光电离过程。

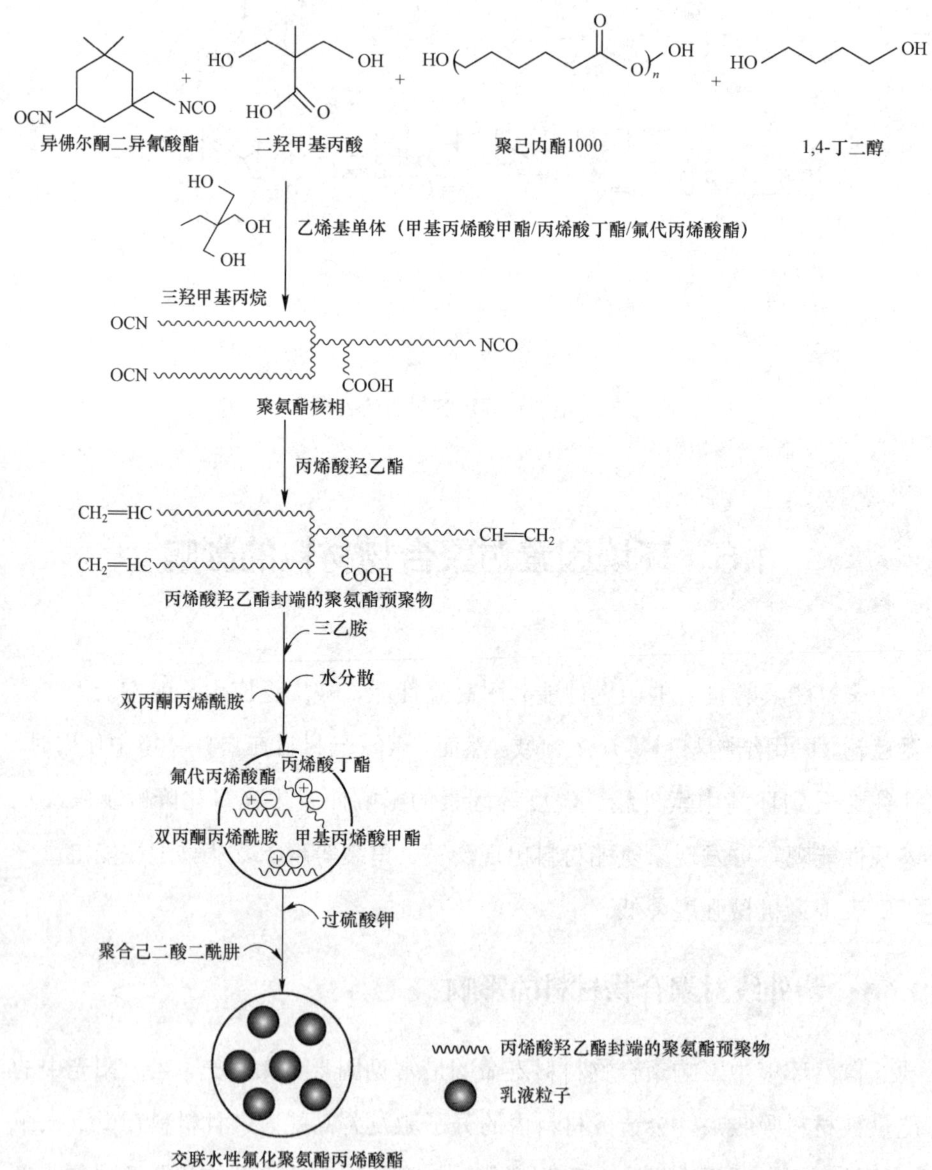

图 1-23　交联型 WFPUA 复合乳液的制备流程

光化学过程中分子对辐射能量的吸收方式是量子化的吸收，通常紫外线辐照对材料的光老化影响最大，聚合物在紫外线照射下发生老化降解的反应称为紫外线降解。紫外线的波长范围是 190～400 nm，能量为 313～419 kJ/mol，化学键的离解能是 168～417 kJ/mol。由此可见，紫外线的能量足以使高分子材料内的众多化学单键断裂，这也是聚合物材料发生老化降解的本质原因所在。通常情况下，聚氨酯大分子吸收紫外线后，会发生键断裂和键交联，导致材料发生老化降解，伴随着某些机械性能也会出现明显变化。

其中具体化学键键能以及具有相近能量的紫外线波长见表 1-1。

表 1-1 化学键键能以及具有相近能量的紫外线波长

化学键	键能/（kJ/mol）	波长/nm	光波能量/（kJ/mol）
C—H	413.6	290	418
C—F	441.2	272	446
C—O	351.6	340	356
C—C	347.9	342	354
C—N	290.9	400～410	303～297
C—Cl	328.6	350～364	346～333
N—H	389.3	300～306	404～397
O—H	463	259	468

由于紫外线对于聚氨酯材料的各项性能影响较大，通常将紫外线辐照对聚氨酯老化的影响作为对聚氨酯材料服役性能评估的重点内容。

王芳等对以聚酯为软链段，TDI 和三羟甲基丙烷为硬链段合成的聚氨酯材料进行紫外老化实验，其红外测试结果表明，老化过程中 C═O 键、C—O—C 键、N—H 和 C—N 键减少，说明在 310 nm 的紫外光源辐照下，TDI 型聚氨酯中的氨基甲酸酯基键发生断裂，且存在两种键断裂方式，一种是在碳氮单键处发生断裂，生成氨基自由基和烷基自由基，如图 1-24 所示。

$$\mathrm{RNH\overset{\overset{\displaystyle O}{\|}}{C}OCH_2CH_2R} \xrightarrow{\text{光照}} \mathrm{R\dot{N}H} + \mathrm{\dot{C}H_2CH_2R} + \mathrm{CO_2}$$

图 1-24 氨基甲酸酯键断裂方式

另一种断裂方式是发生碳氧单键的断裂，生成烷氧基自由基和能够进一步发生分解的氨基甲酰基自由基，最终分解产物为氨基自由基和二氧化碳，如图 1-25 所示。

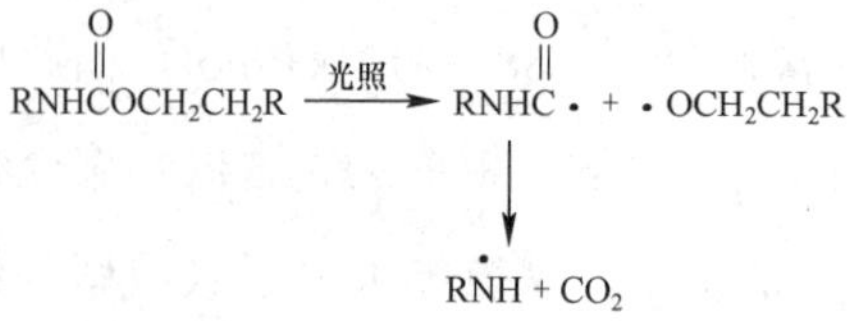

$$\mathrm{RNHC(=O)OCH_2CH_2R} \xrightarrow{\text{光照}} \mathrm{RNHC(=O)\cdot} + \cdot\mathrm{OCH_2CH_2R}$$

$$\mathrm{RNHC(=O)\cdot} \longrightarrow \mathrm{R\dot{N}H} + \mathrm{CO_2}$$

图 1-25　氨基甲酸酯键断裂方式

氨基甲酸酯基键发生上述断键反应后，生成两种氨基自由基和两种烷氧基自由基，生成的这些自由基不稳定，会继续键联发生反应，如两个氨基自由基键联形成中间体后失去氢自由基生成偶氮化合物，这与红外光谱测定的 1 576 cm^{-1} 处 N＝N 键增强的测试结果相吻合。此外，偶氮基是一个发色基团，当其与不同的官能团链接时外观表现出不同的颜色，其紫外吸收波长主要集中在 350～450 nm。与此同时，在红外测试结果中 1 766 cm^{-1} 的亚甲基伸缩振动和 1 645 cm^{-1} 的碳碳双键强度增加，证明与苯环相连的氨基自由基能够失去一个氢自由基产生醌式结构，萘醌类化合物大多表现为橙色或者橙红色。

聚氨酯大分子中除了最常见的氨基甲酸酯基团外，还存在异氰酸酯基、脲基及缩二脲等基团。通常情况下，当聚氨酯材料吸收紫外线波长小于 340 nm 时，发生 photo-fries 重排生成伯芳胺能够进一步降解生成变黄物质，如图 1-26 所示。

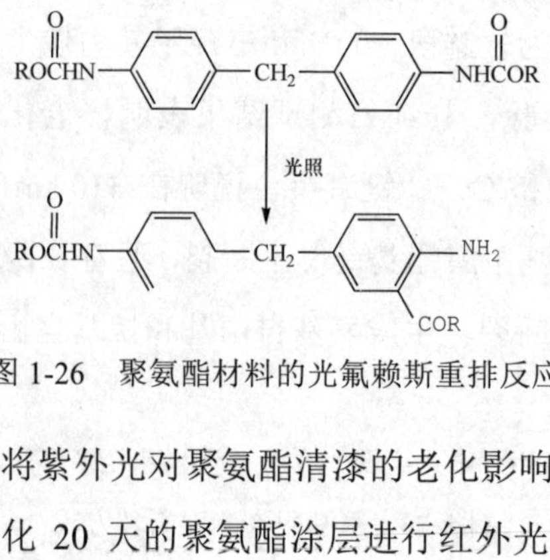

图 1-26　聚氨酯材料的光氟赖斯重排反应

胡建文和高瑾等将紫外光对聚氨酯清漆的老化影响进行实验研究，对在紫外线条件下辐照老化 20 天的聚氨酯涂层进行红外光谱测试，其测试结果表明，1 744 cm^{-1}处的羰基吸收峰明显增强，说明光氧老化过程中有较多的羰基基团生成，1 283 cm^{-1}处的碳氧单键峰位置发生蓝移，说明涂层中存在碳氧单键的断裂。徐永祥和严伟川等将涂层置于紫外光下，考察紫外光对涂层的老化作用，研究发现涂层厚度存在减小现象并且在涂层的表面产生了许多空穴。Zia K M 等将紫外线对聚氨酯弹性体表面特性的影响作为研究重点，发现聚氨酯的降解首先发生在硬段（见图 1-27），降解后导致聚氨酯的表面活性增加，亲水性也随之发生改变。P • Alves 等将热塑性聚氨酯在 240 nm 的紫外线下辐照 30 天，光电子能谱（XPS）测试结果表明，热塑性聚氨酯中碳氧单键和碳氮单键发生断裂，有大量的羧基出现（见图 1-28）。

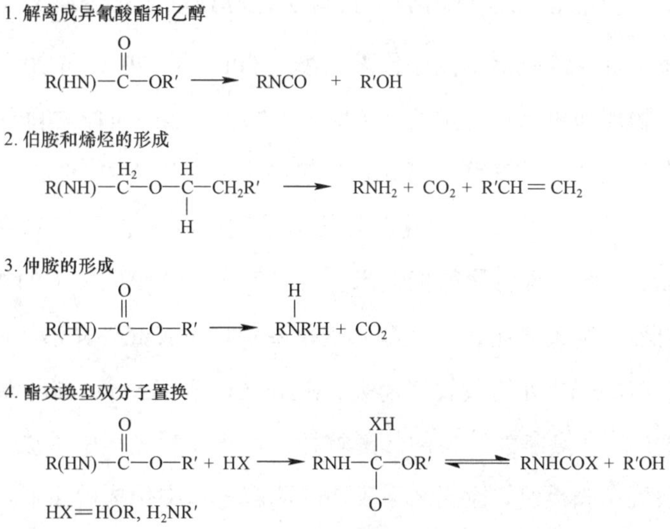

1. 解离成异氰酸酯和乙醇

$$R(HN)-C(=O)-OR' \longrightarrow RNCO + R'OH$$

2. 伯胺和烯烃的形成

$$R(NH)-CH_2-O-CH_2-CH_2R' \longrightarrow RNH_2 + CO_2 + R'CH=CH_2$$

3. 仲胺的形成

$$R(HN)-C(=O)-O-R' \longrightarrow RNR'H + CO_2$$

4. 酯交换型双分子置换

$$R(HN)-C(=O)-O-R' + HX \longrightarrow RNH-C(XH)(O^-)-OR' \rightleftharpoons RNHCOX + R'OH$$

$HX=HOR, H_2NR'$

图 1-27 聚氨酯热降解机理分析

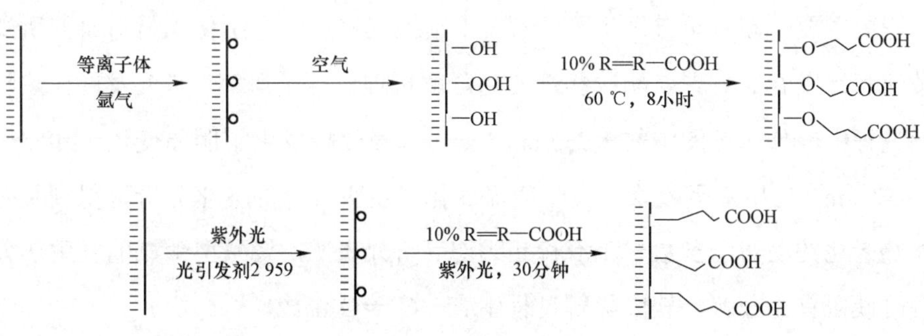

等离子体 氩气 → 空气 → —OH —OOH —OH → 10% R═R—COOH 60 ℃，8小时 → —O—COOH —O—COOH —O—COOH

紫外光 光引发剂2 959 → 10% R═R—COOH 紫外光，30分钟 → COOH COOH COOH

图 1-28 紫外接枝机理示意图

1.6.2 温度对聚合物材料的影响

温度作为聚合物发生老化反应的另一主要因素，高分子聚合物在高温环境下发生链断裂反应产生自由基，形成自由基链式反应，最终导致聚合物发生热降解和基团脱落，性能劣化。聚合物放置在低温环境下时，高分子链的自由运动受到阻碍，聚合物发生老化降解而变脆、变硬。可见，高分子材料在不同温度下其老化方式不同，高温下的老化方式以链断裂进行自由基链式反应为主，适温范围内则通过改变材料的结晶方式使材料老化，而低温则是使材料脆化。

国内外科研人员为探讨聚氨酯材料的热降解老化机理进行了大量实验研究。A.Boubakri 等研究了热塑性聚氨酯（TPU）在 70 ℃和 90 ℃环境下老化 270 天后物理和机械性能的变化（见图 1-29），结果表明，热降解过程 TPU 大分子发生键断裂和链交联，老化后质量减少率分别为 0.15%和 0.30%，蠕变性能和力学性能发生明显变化，扫描电镜测试结果显示 TPU 薄膜表面变脆。Hongxiang Chen 等将聚氨酯纳米复合材料在 120 ℃环境下的热老化降解作为研究内容，结果表明，聚氨酯热老化降解后，其红外光谱 1 641 cm^{-1}、966 cm^{-1} 和 910 cm^{-1} 处的吸收峰消失。M.Herrera 和 G.Matuschek 等研究了两种基于 MDI 的聚氨酯弹性体的热降解行为，热降解过程中生成的主要降解产物通过联机在线检测，检测结果表明热降解过程中生成的主要产物有环戊酮和二氧化碳（见图 1-30），通过分析降解产物得出聚氨酯弹性体在热降解过程中主要是碳氧单键发生了断裂。中国工程物理研究院化工材料研究所郑敏侠和钟发春等对聚氨酯胶黏剂的热降解机理进行了研究，研究发现在热降解过程中红外光谱图中的 1 733 cm^{-1} 处羰基吸收峰发生了明显变化，2 955～2 957 cm^{-1} 处甲基吸收峰未发生明显变化，由吸收峰的变化分析可得到聚氨酯热老化的动力学参数。江治和元凯均等研究表明，聚醚型聚氨酯发生热分解时硬段首先分解，软段降解过程中有—C＝O 生成。

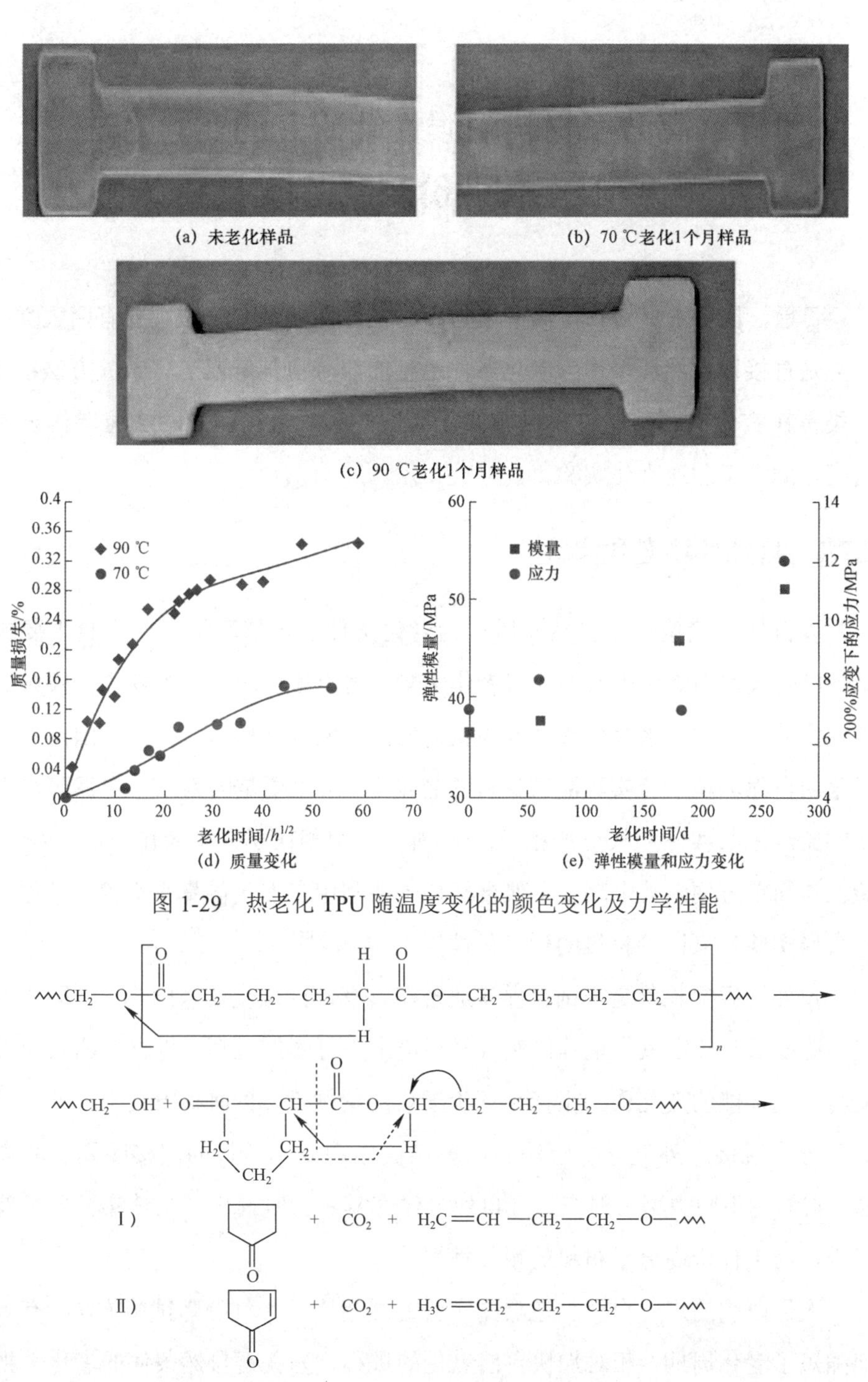

图 1-29　热老化 TPU 随温度变化的颜色变化及力学性能

图 1-30　聚酯－多元醇通过酯键的一次断裂生成环戊酮，随后氢转移形成环链末端，消除环戊酮和二氧化碳

1.7 高分子材料耐候性能研究的实验方法及老化评价测试指标

目前，国际上针对评价高分子材料耐候性能的试验方法主要有两大类：一类是直接以自然环境作为老化条件进行的户外自然暴露老化试验方法；另一类是在实验室利用能够模拟自然环境条件某些老化因素的加速老化设备而进行的人工加速老化实验。

1.7.1 自然环境老化实验

以自然环境条件或自然介质作为老化条件的自然环境老化实验主要包括：以空气作为老化因素的大气老化实验、用土壤填埋方式处理实验样条的埋地实验、通过海水浸渍腐蚀实验试样的海水浸渍实验等。目前，国内外广泛采用自然环境老化实验测试材料的老化变化，主要是因为：① 自然环境老化实验结果与实际结果更加相符；② 所需费用相比于人工老化较低；③ 实验操作简单方便，其中高分子聚合材料主要利用自然气候暴露实验（又称户外气候实验）来评价材料的耐老化性能。

户外气候实验就是将试验样品放置在具有不同强度的太阳光、不同的温度、湿度以及一定氧含量等自然气候环境下进行曝露处理，以材料的宏观性能与微观性能的变化作为指标来评价塑料的耐候性。目前我国关于户外气候实验分为直接户外气候实验法和以玻璃板作为滤光器材的间接曝露实验方法。它们对不同类型材料在进行自然气候曝露实验时提出了具体实验要求及步骤，用于评价高分子材料的耐候性。

人们研制的户外自然加速曝露实验方法相比于大气曝露试验方法，有效地缩短了老化周期，相对加快自然老化的进程，为获得自然条件的老化数据提供便捷。户外自然加速曝露实验方法主要是对大气曝露实验方法进行人为改进，将环境中的主要老化因素进行人为的强化与控制，已达到加快材料和构件腐蚀和老化速度的效果和目的。近 20 年来，科研人员为了提高实验评价的效率和水平，国内外制定了在自然条件下加速暴露的实验方法和研制了各式各样的加速老化设备，在制定的加速暴露实验方法中，目前得到全面认可和经常采用的方法只有 7 种。

自然气候暴露实验方法相比于其他高分子材料老化特性评价手段来说，是最真实有效的，但存在一个明显的缺陷是材料在自然老化条件下引起的变化比较缓慢。因此，为了观察到明显的老化现象并得到具有显著差异的老化数据，往往需要进行长时间的老化试验，需要耗费大量人力物力。此外，户外环境条件变化存在随机性和影响因素复杂多变性，导致实验成果的推广性较差。

1.7.2 人工加速老化实验

通过人为调控材料在自然气候环境中使用时的某一变量或者某几个变量来测试材料的抗老化寿命的方法称为人工加速老化试验，这种方法在评价材料性能与环境关系方面能够补充，或者是取代自然大气暴露实验方法。该试验方法的优势在于能够有效地缩短实验周期，快速获得老化实验结果，排除区域性气候影响，从而使得老化条件重复性提高。通过将不同类型的材料在相同的测试环境下进行老化实验，可以得到不同类型材料抗老化效果的差异，从而进行对比分析，并就如何延长材料的使用寿命提出指导性建议。因此，人工加速老化试验在评价材料抗老化性能方面已经成为国际通用标准。人工气候老化实验一般模拟自然气候环境中的太阳光、温度、降水、湿度、臭氧等因素，其中太阳光对材料破坏性最强，因此光源是人工加速老化实验的重要影响因素，目前在国内外市场上所提供紫外加速老化装置中所用的紫外灯光主要包括碳弧灯、金属卤素灯和荧光紫外灯。

人工加速老化试验方法主要包括：模拟环境因素（阳光、温度、湿度等）的人工气候实验、在隔绝氧气条件下以温度为变量的热老化实验、同时改变湿度和温度条件的湿热老化实验、模拟臭氧氛围的臭氧老化实验、人工模拟盐雾环境条件的盐雾腐蚀实验、通过提高腐蚀气体浓度而进行的气体腐蚀实验以及抗霉抗菌实验等等。我国目前采用的人工加速老化实验方法有多种老化因素复合老化、以不同类型及波长的紫外灯进行紫外线老化、通过改变老化温度的热老化、以臭氧作为老化因素的臭氧老化等。

1.7.3 高分子材料老化的评价测试指标

从理论上分析考虑，如果材料在户外环境使用过程中性能发生变化并且针对性能的改变可以量化考察处理，则这些改变的性能都可以作为材料老化程度的评价指标。但在实际实验和现实应用过程中，因为材料在制备工艺、原料选取、使用环境等方面的差异，因此在选定材料的抗老化性能指标时，应选择材料性能变化显著、测试方法简便的一种或者几种性能作为评定材料老化指标。现如今高分子材料的老化评价指标一般可分为如下几类，见表 1-2。

表 1-2　高分子材料的老化评价指标

分析指标	主要测试内容和方法
物理指标	表面表观变化（通过目测试样发生局部粉化、龟裂、斑点、气泡及变形等外观的变化）、光学性能（如光泽、色变和透射率等）、物理测定方法（如相对分子质量、相对分子质量分布、溶液黏度、熔融态黏度、质量等）
力学性能指标	实验方法有：塑料拉伸性能实验方法、塑料弯曲性能实验方法、塑料薄膜拉伸性能实验方法、硫化橡胶耐臭氧老化实验动态拉伸实验法、硫化橡胶或热塑性橡胶拉伸应力应变性能的测定
微观分析	目前主要采用的聚合物降解的检测和分析方法有热分析法［差热分析（DTA）、差示扫描量热（DSC）、热重分析法（TGA）及热机械分析法（TMA）］、化学分析法（氧吸收法、过氧化物基团的测定、羰基的测定、羧基的测定）、色谱法、质谱法、光谱法、核磁共振（NMR）、电子自旋共振（ESR）、动态热－力分析（DMA）、激光援助母体解吸附电离－飞行时间质谱（MALDI-TOF）等
耐久性能指标	主要有耐磨、抗紫外线、抗生物、抗化学、抗大气环境等多项指标

1.7.4 高分子材料老化的系统分析技术

高分子材料老化的系统分析技术如图 1-31 所示。通过所列的测试手段可知，通过选择不同的现代分析检测手段对老化后的试样进行表观状况分析，其次对理化性能检测，最后对材料进行微观结构分析，能够为科研人员在探究材料老化历程、摸索老化机理时提供理论数据支持，最终为解决材料老化问题提供可行方案。

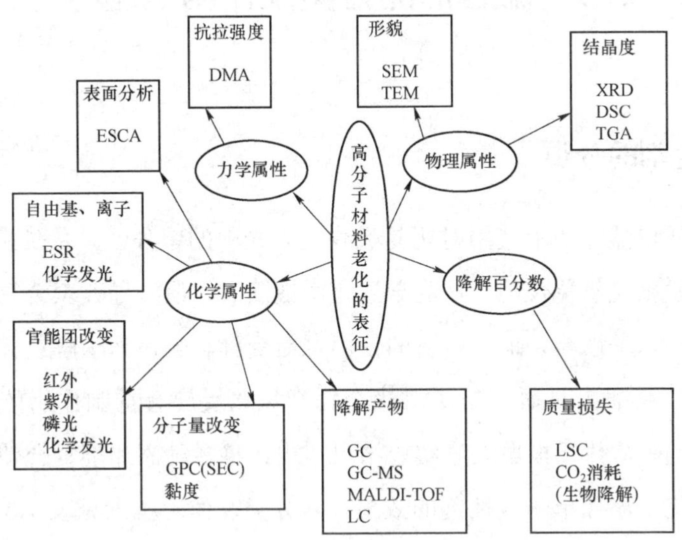

图 1-31 高分子材料老化的系统分析技术

高分子材料在不同的外界因素下老化机理和老化历程不同，采取不同的防老化措施后达到的抗老化效果千差万别，根据老化因素而选定的防老化措施具体过程如图 1-32 所示。

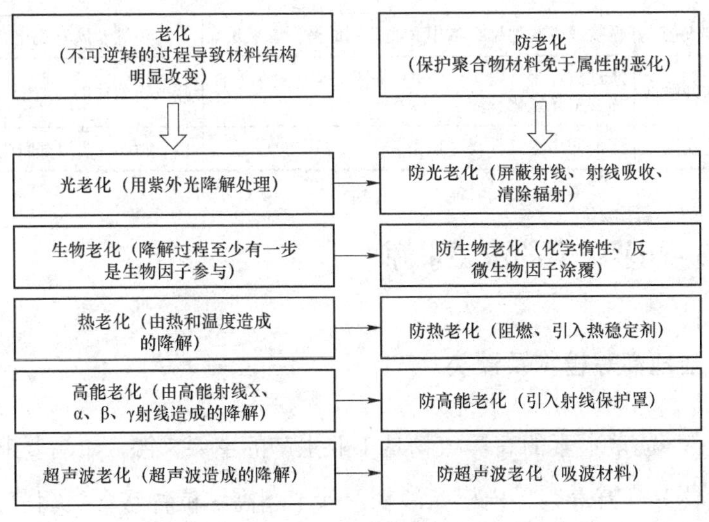

图 1-32 高分子材料的老化因素及防老化措施

1.8 稳定剂的分类及作用机理

1.8.1 稳定剂的分类

聚合物在自然环境中使用时极易吸收太阳光中的紫外线，并在紫外线的作用下分子发生光氧化反应，从而导致化学键断裂，最终导致聚合物发生老化降解，物理化学性能衰退，材料的使用寿命受到影响。为了解决聚合物抗光老化问题，科研人员研发出了对聚合物光氧化反应有抑制作用的光稳定剂、抗氧化剂等，并且根据大量实验结果得出，将多种添加剂复合使用时的抗老化效果优于添加单一改性剂的效果。其分类及作用机理见表 1-3。

表 1-3 稳定剂种类及作用机理

种类	作用机理	代表物质
光屏蔽剂	通过吸收或者反射紫外线后在光源和聚合物之间形成一道屏障，从而保护聚合物	ZnO_2、CeO_2
有机紫外吸收剂	吸收某一特定波长的紫外线，种类多、耐光性强、应用范围广	二苯甲酮、苯并唑类
激发态淬灭剂	吸收或者转移聚合物中某类基团的激发态能量	镍金属有机络合物
氢过氧化物分解剂	通过破坏聚合物中—OOH 基团，从而避免聚合物发生光氧化反应	硫或磷配体的金属镍有机络合物
自由基捕获剂	捕捉并清除聚合物中自由基	2,2,6,6－四甲基哌啶衍生物

1.8.2 β－胡萝卜素的重要来源

1.8.2.1 陆地高等植物及藻类

富含 β－胡萝卜素的高等植物是工业生产的主要来源，如胡萝卜、辣椒、玉米、马铃薯、万寿菊、枸杞、沙棘。除上述高等植物富含类胡萝卜素外，部分海藻类中也含有大量的β－胡萝卜素，其中在杜氏盐藻中β－胡萝卜素含量可达到干细胞重量的0.3%，因此可以作为提取天然β－胡萝卜素的理想原料。另外，螺旋藻、紫球藻等其他藻类中也含有β－胡萝卜素，螺旋藻是其较好的来源。

1.8.2.2 化学合成与生物合成法

获取β－胡萝卜素除了从植物和藻类中提取外，还可以通过人工化学合成。早在20世纪50年代初期，人工合成β－胡萝卜素已经开始工业化，随着技术的更新其产业也不断取得发展。工业上最常见的合成方法是以维生素A为原料，将其转化成视黄醛和甲基维梯希试剂，再经缩合反应生成β－胡萝卜素。或以β－紫罗兰酮为原料，通过构造多聚烯链的办法合成β－胡萝卜素。但是，采用化学合成法人工合成的β－胡萝卜素几乎完全是反式异构体形式，不能具有天然β－胡萝卜素所具有的生理功能。生物合成法则是通过用微生物发酵来生产β－胡萝卜素，且与化学合成法相比较，在品质、技术、原料等方面都存在优势。

1.8.2.3 基因工程法

近几年，转基因技术得到迅速发展，使得利用基因工程菌生产类胡萝卜素进入科研人员的视野并得到重点关注。虽然转基因技术起步较晚，但是用此方法合成胡萝卜素已经取得了重大进展，如从分子水平上解释了生物合成的途径；使酶基因先后得以分离；初步实现了植物和微生物中β－胡萝卜素的组成和含量的改变。

1.8.3 维生素A及维生素A醋酸酯

维生素A和维生素A醋酸酯结构中含有5个双键，在光、氧化剂、金属离子、酸碱、极性溶剂等因素影响下会发生氧化、光合等反应。热会引发维生素A醋酸酯环合生成二聚体，从而增加共轭键数量。维生素A在生理上能维持视觉健康和上皮细胞完整、参与生长生殖及维持免疫系统的完整性等。其分子结构如图 1-33 所示。

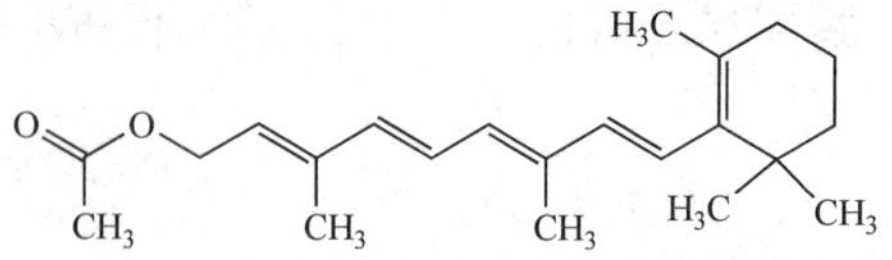

图 1-33 维生素 A 的分子结构

维生素 A 或其醋酸酯分子结构中，电子所处轨道和化学键各不相同，它们吸收的光波能量也不相同，因此当光照射在维生素 A 或其醋酸酯物质时，其共轭电子发生跃迁类型不同，电子跃迁类型有：

① σ→σ*跃迁：成键轨道上的 σ 电子吸收能量后跃迁到 σ*反键轨道；

② η→σ*跃迁：非键轨道上的 η 电子吸收能量后跃迁到 σ*反键轨道；

③ π→π*跃迁：不饱和键中的 π 电子吸收能量后跃迁到 π*反键轨道；

④ η→π*跃迁：非键轨道上的 η 电子吸收能量后跃迁到 π*反键轨道。

因此，上述的胡萝卜素和维生素 A 醋酸酯在经过紫外线照射时，吸收紫外线光的能量主要发生 π→π*跃迁，部分化学键也会被打断，断裂键又会进行交联。

第2章　水性聚氨酯脲（WPUU）制备工艺研究

2.1　实验设计思路

自主研发的端氨基聚醚（N-1000）是一种慢反应型端氨基聚醚，其结构如图 2-1 所示，其反应活性与常规端氨基聚醚或端羟基聚醚相比，有很大差异，主要是因为结构中的氨基与苯甲酰基相连，苯环的 π 键与羰基的 π 键形成共轭结构，同时氨基的孤对电子也参与共轭结构，导致氨基的活性大大降低。利用 N-1000 制备水性聚氨酯脲的过程中工艺条件的探索十分关键，也是本研究的着重考察点之一。另外，本书在制备过程中，为了使大分子结构具有规整性，先利用二羟甲基丁酸（DMBA）与异佛尔酮二异氰酸酯（IPDI）按摩尔比 2:1 反应，得到-NCO 封端的中间体（IPDI-DMBA-IPDI，记为 A），然后通过分子设计，加入计量的端氨基聚醚（记为 B），最后用丙烯酸羟乙酯封端并通过三乙胺中和以及去离子水乳化，得到双键封端的水性聚氨酯脲单体（WPUU），设计的工艺流程如图 2-2 所示。这样的合成路线，不仅避免了常规合成产物中分子排列不规整，体系交联程度较大，亲水基团分布不均匀等问题，而且进一步降低了端氨基聚醚与异氰酸酯基团的反应速度，使得目标产物结构与所设计的结构相吻合。

本书合成了三种不同分子量的水性聚氨酯脲单体，分别是：① WPUU1　A:B＝2:1（理论 M_n＝2 856）；② WPUU2　A:B＝3:2（理论 M_n＝4 787）；

③ WPUU3 A:B＝4:3（理论 M_n＝6 718）。

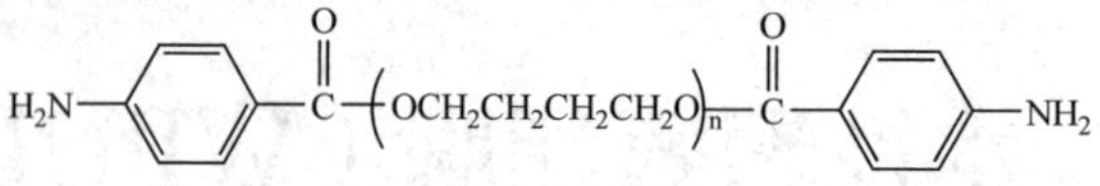

$$H_2N-C_6H_4-\overset{O}{\overset{\|}{C}}-\left(OCH_2CH_2CH_2CH_2O\right)_n-\overset{O}{\overset{\|}{C}}-C_6H_4-NH_2$$

图 2-1　N-1000 结构式

反应流程图如图 2-2 所示。

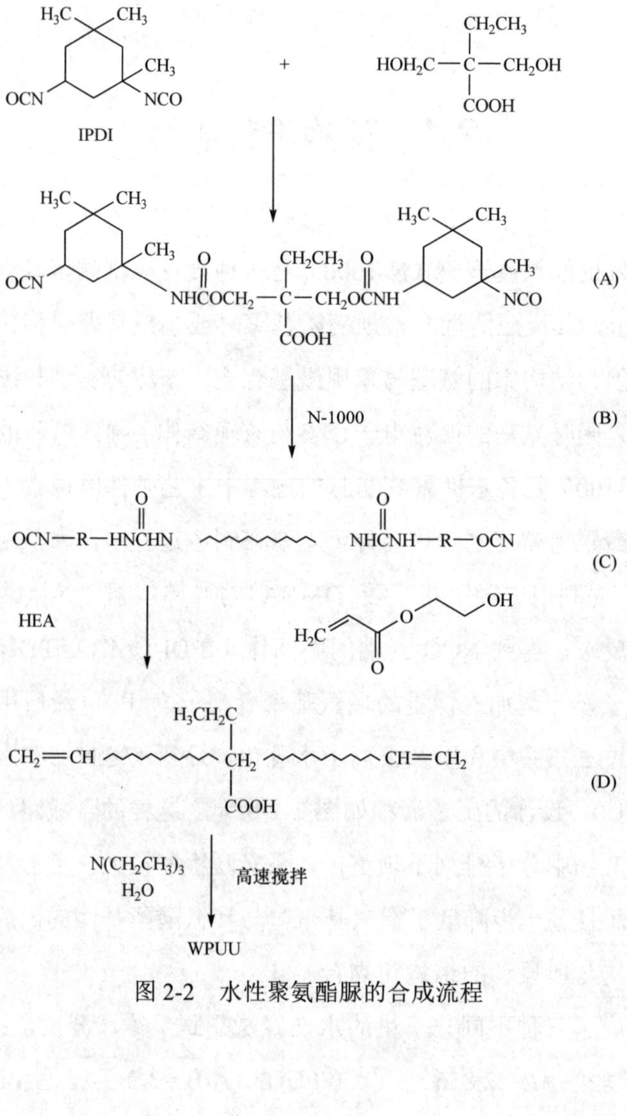

图 2-2　水性聚氨酯脲的合成流程

2.2　实验部分

2.2.1　水性聚氨酯脲的制备

水性聚氨酯脲制备流程如下。

① 将端氨基聚醚（N-1000）脱水，备用。

② 称取一定量的 IPDI 和溶剂乙酸乙酯，加入四口烧瓶中，缓慢升温至 60 ℃，然后按摩尔比 2:1 称取计量的 DMBA，将 DMBA 在 1 h 之内分三次加入，接着升温至 70 ℃反应 4 h 后降温至 20 ℃，得到—NCO 封端的中间体（记为 A）。

③ 依据分子设计，将计量的 N-1000（记为 B）加入烧瓶中，先于 20 ℃反应 1 h，然后升温至 40～50 ℃反应 1 h，得到—NCO 封端中间体（记为 C），反应过程中根据体系黏度，加入适量的溶剂。

④ 加入计量的丙烯酸羟乙酯，于 80 ℃反应 2 h 得到端烯基产物（记为 D）。

⑤ 滴加计量三乙胺搅拌 15 min 后加入计量去离子水于高剪切乳化机中以 2 000 r/min 乳化 1 h。

⑥ 乳化结束后，脱除溶剂即可得到所制备的水性聚氨酯脲乳液。

2.2.2　水性聚氨酯脲编号及分子量

在上述制备工艺的第②步中，将 IPDI 与 DMBA 反应所制备的中间体（记为 A）依据分子设计，与端氨基聚醚 N-1000（记为 B）按 A 和 B 摩尔比（A:B）为（2:1）、（3:2）和（4:3）分别配料，则可得到不同分子量的水性聚氨酯脲，样品编号及理论分子量见表 2-1。

表 2-1　WPUU 编号及理论分子量

样品编号	A∶B	理论分子量（M_n）	—COOH 理论含量
WPUU1	2∶1	2 856	3.39%
WPUU2	3∶2	4 787	3.02%
WPUU3	4∶3	6 718	2.85%

2.3　结果与讨论

2.3.1　IPDI 与 DMBA 反应时间的选择

DMBA 与 IPDI 反应时间的长短关系到 DMBA 在水性聚氨酯脲大分子中的有效含量，如果反应时间过短，DMBA 没有完全和 IPDI 反应，则体系中虽然存在 DMBA，但大多数是以游离状态存在，大分子水性聚氨酯脲链中并没有 DMBA，从而会造成 WPUU 亲水性较差，乳化困难，乳液状态差且不稳定。保持其他条件不变，改变 DMBA 与 IPDI 反应时间，按 2 h、3 h、4 h 和 5 h 梯度变化，结果见表 2-2，通过测定反应过程中—NCO 基团含量来确定合适的反应时间。

表 2-2　DMBA 反应时间的选择

DMBA 反应时间/h	2	3	4	5
—NCO 含量/%	18.95	15.86	14.40	14.38

表 2-2 给出了不同 DMBA 反应时间下，中间体 A 中—NCO 含量变化，其理论计算—NCO 含量是 14.19%，当反应时间为 2 h 时，—NCO 含量较高，证明 DMBA 与 IPDI 并没有反应完全，当 DMBA 反应时间为 4 h 时，—NCO 含量已接近理论值，证明此时 DMBA 与 IPDI 才按理论设计反应较完全。当 DMBA 反应时间继续增大时，和 4 h 是一样的效果，—NCO

含量不再有明显变化，表明反应 4 h 后即可达到理想的反应程度，再增加反应时间反而造成能源的消耗与浪费，故本实验确定 DMBA 与 IPDI 的最佳反应时间是 4 h。

2.3.2　—NCO 基团与 N-1000 反应温度的选择

由于常规端氨基聚醚中氨基（$—NH_2$）与多异氰酸酯的—NCO 基团反应活性相当高，在反应过程中很容易发生副反应，产生凝胶甚至出现“抱团”现象。因此，目前所有利用端氨基聚醚制备聚脲的反应都必须控制在很低的温度下。本书所用自主开发的低活性端氨基聚醚（N-1000）与常规端氨基聚醚相比反应活性大大降低，故着重考察其与—NCO 基团的反应温度。

利用—NCO 封端的中间体 A 与 N-1000 在不同温度下反应 2 h，通过实验现象和—NCO 含量的测定来判断反应的合适温度，所设计的理论—NCO 含量反应前是 6.94%，反应完全后是 3.47%。实验结果见表 2-3。

表 2-3　N-1000 反应温度的选择

反应温度/℃	20	30	40	50	60	70
—NCO 含量/%	6.94	5.12	3.56	3.50	3.38	—
黏度变化	未变	未变	缓慢增长	缓慢增长	缓慢增长	快速增大

由表 2-3 可以看出，自制的端氨基聚醚（N-1000）由于其结构的特殊性，反应活性与常规端氨基聚醚相比大大降低，在室温下与—NCO 基团反应很慢。这可能是由于 N-1000 结构中的$—NH_2$与苯甲酰基相连，苯环的 π 键与羰基的 π 键形成共轭结构，同时氨基的孤对电子也参与共轭结构，因而大大降低了氨基（$—NH_2$）的活性，使得 N-1000 反应活性大幅度降低。当温度低于 30 ℃时反应缓慢甚至不发生反应，当温度达到 40 ℃时才能正常反应，—NCO 含量逐渐趋于理论值，但超过 70 ℃时，体系黏度增大较快。因此，本实验选定自制 N-1000 的反应温度是 40 ℃。

2.3.3 —NCO 基团与 N-1000 反应时间的选择

确定了—NCO 基团与 N-1000 的合适反应温度是 40 ℃之后，继续探讨其最佳反应时间，实验结果见表 2-4。理论计算的—NCO 含量未反应时是 6.94%，反应完全后是 3.47%。

表 2-4 N-1000 反应时间的选择

N-1000 反应时间/h	1	2	3	4
—NCO 含量/%	4.95	3.55	3.52	3.43

由表 2-4 可知，反应 1 h 时测定—NCO 含量是 4.95%，未达到理论设计值，说明 N-1000 与—NCO 基团反应不完全，还存在部分游离的 N-1000。当反应进行到 2 h 时，—NCO 含量接近理论设计值，说明此时体系中所有 N-1000 与—NCO 基团反应较完全。继续延长反应时间后，体系中—NCO 含量不再有明显改变，考虑到反应时间过长可能引起其他副反应以及能耗问题，本实验确定—NCO 基团与 N-1000 的合适反应时间是 2 h。

2.4 本章小结

本章根据分子设计思想，制定了全新的合成工艺流程，解决了常规端氨基聚醚与异氰酸酯基团反应过于剧烈，无法控制的难题。重点对低活性端氨基聚醚（N-1000）的反应条件进行了探究，并合成了 3 种不同分子量的水性聚氨酯脲。结果如下。

① IPDI 与 DMBA 反应时间：反应进行 4 h 后 IPDI 和 DMBA 即可达到理想的反应程度，再增加反应时间反而造成能源的消耗与浪费，故本实验选定 DMBA 与 IPDI 的最佳反应时间是 4 h。

② —NCO 基团和 N-1000 反应温度：自制的端氨基聚醚结构特殊活性较

低，在 30 ℃以下时反应缓慢，当温度升高到 40 ℃时反应活性比较适中。因此，本实验选定自制 N-1000 的最佳反应温度是 40 ℃。

③ —NCO 和 N-1000 反应时间：当反应进行到 2 h 时，—NCO 含量接近理论设计值，继续延长反应时间，可能引起其他副反应，本实验选定—NCO 基团与 N-1000 的合适反应时间是 2 h。

第 3 章　水性聚氨酯脲-丙烯酸酯复合乳液（WPUUA）的制备与性能研究

3.1　实验设计思路

由于不同分子量的水性聚氨酯脲自身性能的差异，当其与丙烯酸酯单体（AC）发生共聚时，乳液及其胶膜达到最佳性能所需的 WPUU 含量[①]、丙烯酸酯软硬单体比例都不一样，故本书对于 3 种不同分子量的 WPUU，分别进行了研究。通过改变 WPUU/AC 质量比，软硬单体比例和乳化剂用量，对乳液外观状态、吸水率、成膜状态及胶膜力学性能等多方面进行综合考察，从而得到综合性能较优的配方。

3.2　实验部分

3.2.1　水性聚氨酯脲－丙烯酸酯复合乳液的制备

水性聚氨酯脲－丙烯酸酯复合乳液制备的具体流程如下。

① 实验中，为了便于表述且与丙烯酸酯软、硬单体比例进行区分，在一些描述中将 WPUU/AC 的质量比简称为 WPUU 含量。

① 将部分去离子水、乳化剂、引发剂加入四口烧瓶中，搅拌溶解。

② 将丙烯酸酯单体滴加到上述四口烧瓶中，搅拌 30 min 得到单体预乳化液，留取其中一部分，其余的装入恒压滴定管中。

③ 将计量的 WPU1 或 WPU2 或 WPU3、剩余的乳化剂和引发剂以及剩余的去离子水加入上述四口烧瓶中，缓慢升温至 75 ℃左右，保温反应 30 min。

④ 接着开始滴加剩余的单体预乳化液，2 h 滴加完毕之后继续在此温度保温反应 1 h。

⑤ 反应结束降温，过滤出料即得所述水性聚氨酯脲–丙烯酸酯复合乳液。

3.2.2　WPUUA 复合乳液胶膜的制备

取适量所制备的复合乳液均匀地涂覆于玻璃板上，室温干燥 24 h 后，脱模并将其置于 60 ℃真空干燥箱中 24 h，得到厚度约为 0.5 mm 的薄膜，保存在干燥器中，之后进行一系列性能测试。

3.3　结果与讨论

3.3.1　WPUUA 复合乳液聚合单因素试验

WPUU/AC 质量比、m(MMA):m(BA)及乳化剂用量均对复合乳液性能具有影响，具体如下。

3.3.1.1　WPUU/AC 质量比对复合乳液性能的影响

当水性聚氨酯脲含量过低时，对复合乳液体系贡献作用较小，胶膜在性能方面没有太大改观；当 WPUU 含量过高时，由于其中—COO^-的存在，会导致复合乳液成膜吸水率大幅增加，故我们必须找到一个合适的含量，能让复合乳液既有优良的物理化学性能，又有较低的吸水率。

1. WPUU1/AC 对复合乳液性能的影响

将甲基丙烯酸甲酯（MMA）和丙烯酸丁酯（BA）混合单体记为 AC，保持 m(MMA):m(BA) = 1:1，乳化剂 4 wt%，引发剂 0.4 wt%不变，分别按不同的 WPUU1/AC 质量比做一系列实验，乳液物理性能见表 3-1。

表 3-1　不同 WPUU1/AC 的乳液物理性能

WPUU1/AC	聚合时间/h	乳液外观	凝胶率/wt%	机械稳定性	每小时吸水率/%
0/100	7	蓝光	4.08	无沉淀	24.31
5/95	5	蓝光	0	无沉淀	42.17
10/90	5	蓝光	0	无沉淀	41.41
20/80	5	蓝光	0	无沉淀	23.96
30/70	5	蓝光	0	无沉淀	30.01
40/60	5	蓝光	0	无沉淀	41.55
50/50	5	蓝光	0	无沉淀	56.68
60/40	5	蓝光	0	无沉淀	72.50

2. WPUU2/AC 对复合乳液性能的影响

由前述 WPUU1 含量变化试验中，发现当 WPUU1 含量超过 40%时，复合乳液胶膜的吸水率会显著升高，这可能是由于水性聚氨酯脲中—COO^-的存在所导致的。故后面探讨 WPUU2 和 WPUU3 时含量保持在 40%以内。其余实验条件一样，按不同的 WPUU2/AC 质量比做一系列实验，乳液物理性能见表 3-2。

表 3-2　不同 WPUU2/AC 的乳液物理性能

WPUU2/AC	聚合时间/h	乳液外观	凝胶率/wt%	机械稳定性	每小时吸水率/%
0/100	7	蓝光	4.08	无沉淀	24.31
5/95	5	蓝光	0	无沉淀	29.79
10/90	5	蓝光	0	无沉淀	38.02
15/85	5	蓝光	0	无沉淀	23.32
20/80	5	蓝光	0	无沉淀	28.26
25/75	5	蓝光	0	无沉淀	30.15
30/70	5	蓝光	0	无沉淀	36.25
35/65	5	蓝光	0	无沉淀	43.26

3. WPUU3/AC 对复合乳液性能的影响

其余实验条件一样，按不同的 WPUU3/AC 质量比做一系列实验，乳液物理性能见表 3-3。

表 3-3　不同 WPUU3/AC 的乳液物理性能

WPUU3/AC	聚合时间/h	乳液外观	凝胶率/wt%	机械稳定性	每小时吸水率/%
0/100	7	蓝光	4.08	无沉淀	24.31
5/95	5	蓝光	0	无沉淀	23.94
10/90	5	蓝光	0	无沉淀	32.64
15/85	5	蓝光	0	无沉淀	16.81
20/80	5	蓝光	0	无沉淀	24.34
25/75	5	蓝光	0	无沉淀	29.48
30/70	5	蓝光	0	无沉淀	36.89
35/65	5	蓝光	0	无沉淀	42.64

通过实验发现，在本书制备条件下，当 WPUU/AC＝0/100 时，即纯 PA 乳液存在一定的凝胶率，成膜之后膜的表面粗糙。当加入 WPUU 之后，乳液聚合稳定，没有任何凝胶，与此同时成膜性能变好，所有膜都平整光滑。这可能是由于共聚物反应程度，聚合物分子量大小以及成膜完整性不同所造成的。而且在聚合过程中，纯 PA 乳液聚合速率较慢，在相同的聚合时间内 PA 乳液转化率较低，在第 5 小时时，WPUUA 复合乳液已聚合完全，而 PA 乳液仍有强烈的单体味儿，继续延长聚合时间直到第 7 小时才聚合完全。这一实验现象也证明了上述推论，即加入 WPUU 后有利于提高共聚物反应程度，一定程度上可以增大聚合物分子量，从而提高成膜完整性。

3.3.1.2　m(MMA):m(BA)对复合乳液性能的影响

1. m(MMA):m(BA)对 WPUU1A 型复合乳液的影响

由 3.2.1.1 可以看出，WPUU1A 胶膜吸水率较低时 WPUU1/AC 质量比为 WPUU1/AC＝20/80 后，保持乳化剂 4 wt%，引发剂 0.4 wt%，WPUU1 含量 20 wt%不变，改变软硬单体的比例，分别按照 m(MMA):m(BA)＝1.7:1、1.5:1、

1.3∶1、1∶1、1∶1.3、1∶1.5 进行实验，乳液物理性能见表 3-4。

表 3-4　不同 m(MMA)∶m(BA)的 WPUU1A 乳液物理性能

m(MMA)∶m(BA)	乳液外观	凝胶率/wt%	机械稳定性	成膜状态	吸水率/72 h%
1.7∶1	蓝光较弱	3.81	少量沉淀	开裂	19.35
1.5∶1	蓝光较弱	2.23	少量沉淀	有裂缝	20.76
1.3∶1	蓝光	0	无沉淀	平整光滑	21.24
1∶1	蓝光	0	无沉淀	平整光滑	23.96
1∶1.3	蓝光	0	无沉淀	平整光滑	23.33
1∶1.5	无蓝光	2.46	少量沉淀	有黏性	24.21

2. m(MMA)∶m(BA)对 WPUU2A 型复合乳液的影响

确定了 WPUU2A 胶膜吸水率较低时 WPUU2/AC＝15/85 后，保持 WPUU2 含量为 15wt%不变，在同样条件下进行一系列软硬单体比例实验，乳液性能见表 3-5。

表 3-5　不同 m(MMA)∶m(BA)的 WPUU2A 乳液物理性能

m（MMA）∶m（BA）	乳液外观	凝胶率/wt%	机械稳定性	成膜状态	吸水率/72 h%
1.7∶1	蓝光较弱	3.33	少量沉淀	开裂	18.95
1.5∶1	蓝光	2.20	少量沉淀	有裂缝	20.13
1.3∶1	蓝光	0	无沉淀	平整光滑	20.96
1∶1	蓝光	0	无沉淀	平整光滑	23.32
1∶1.3	蓝光	0	无沉淀	平整光滑	23.45
1∶1.5	无蓝光	2.32	少量沉淀	有黏性	24.31

3. m(MMA)∶m(BA)对 WPUU3A 型复合乳液的影响

确定了 WPUU3A 胶膜吸水率较低时，WPUU3/AC＝15/85 后，保持 WPUU3 含量 15wt%不变，在同样条件下进行一系列实验，乳液性能见表 3-6。

表 3-6　不同 m(MMA)∶m(BA)的 WPUU3A 乳液物理性能

m(MMA)∶m(BA)	乳液外观	凝胶率/wt%	机械稳定性	成膜状态	吸水率/72 h%
1.7∶1	蓝光较弱	3.47	少量沉淀	开裂	15.45
1.5∶1	蓝光	2.01	少量沉淀	有裂缝	15.36

续表

m(MMA):m(BA)	乳液外观	凝胶率/wt%	机械稳定性	成膜状态	吸水率/72 h%
1.3:1	蓝光	0	无沉淀	平整光滑	16.09
1:1	蓝光	0	无沉淀	平整光滑	16.81
1:1.3	蓝光	0	无沉淀	平整光滑	17.64
1:1.5	无蓝光	2.36	少量沉淀	有黏性	17.56

由表 3-4、表 3-5 和表 3-6 可知，复合乳液中软硬单体的比例对乳液状态和胶膜状态都产生较大影响。由表 3-4 看出，对于 WPUU1A 型复合乳液，当 MMA 所占比例较高时，复合乳液发白无蓝光，凝胶率达到 3.8 wt%，而且成膜之后膜的柔韧性很差脆性很高，在模具中直接开裂成碎片，无法正常成膜。当 m(MMA):m(BA) = 1.5:1 时，复合乳液有微弱的蓝光，成膜状态有所好转，能够正常脱模，但表面仍有一些裂缝。随着硬单体比例的降低，乳液状态逐渐好转，当 m(MMA):m(BA) = 1.3:1 或 1:1 或 1:1.3 时，复合乳液没有凝胶且泛蓝光，胶膜光滑平整。而当软单体比例继续增大时，乳液状态又开始变差，当 m(MMA):m(BA) = 1:1.5 时，乳液发白蓝光较弱且有一定的凝胶，成膜之后胶膜有一定黏性。同样地，通过分析表 3-5 和表 3-6 可以得出类似的结论，即 WPUU2A 型复合乳液和 WPUU3A 型复合乳液中合适的软硬单体比例也是 m(MMA):m(BA) = (1~1.3):(1~1.3)。

3.3.1.3　乳化剂用量对复合乳液性能的影响

由于不同分子量的水性聚氨酯脲中-COO^-含量不同，而水性聚氨酯脲中-COO^-既可起到一定的乳化剂作用，对乳液稳定作出一定贡献，又对胶膜吸水率产生一定影响。所以针对不同分子量的水性聚氨酯脲，可以适当调整乳化剂的用量，从而使复合乳液在保证稳定性的前提下，尽可能地降低胶膜吸水率。保持其他实验条件不变，依次改变乳化剂用量 2.0 wt%、2.5 wt%、3.0 wt%、3.5 wt%、4.0 wt%，结果如下。

1. 乳化剂用量对 WPUU1A 型复合乳液性能的影响

不同乳化剂用量的 WPUU1A 乳液性能见表 3-7。

表 3-7　不同乳化剂用量的 WPUU1A 乳液性能

乳化剂/wt%	乳液外观	凝胶率/wt%	机械稳定性	吸水率/72 h%
2.0	蓝光较弱	1.47%	有沉淀	21.01
2.5	蓝光	0	无沉淀	21.92
3.0	蓝光	0	无沉淀	22.75
3.5	蓝光	0	无沉淀	23.03
4.0	蓝光	0	无沉淀	23.96

2. 乳化剂用量对 WPUU2A 型复合乳液性能的影响

不同乳化剂用量的 WPUU2A 乳液性能见表 3-8。

表 3-8　不同乳化剂用量的 WPUU2A 乳液性能

乳化剂/wt%	乳液外观	凝胶率/wt%	机械稳定性	吸水率/72 h%
2.0	蓝光较弱	2.56%	有沉淀	21.21
2.5	蓝光	1.68%	有沉淀	21.66
3.0	蓝光	0	无沉淀	22.45
3.5	蓝光	0	无沉淀	22.88
4.0	蓝光	0	无沉淀	23.32

3. 乳化剂用量对 WPUU3A 乳液性能的影响

不同乳化剂用量的 WPUU3A 乳液性能见表 3-9。

表 3-9　不同乳化剂用量的 WPUU3A 乳液性能

乳化剂/wt%	乳液外观	凝胶率/wt%	机械稳定性	吸水率/72 h%
2.0	蓝光较弱	2.77	有沉淀	15.11
2.5	蓝光	1.53	有沉淀	15.62
3.0	蓝光	0	有沉淀	15.93
3.5	蓝光	0	无沉淀	16.32
4.0	蓝光	0	无沉淀	16.81

由表 3-7 可以看出，对于 WPUU1A 型复合乳液，当乳化剂用量降低到 2.0 wt%时，复合乳液状态较差蓝光较弱，且有少量的凝胶颗粒。而当乳化剂用量达到 2.5 wt%时，复合乳液泛蓝光稳定性好。同样地，由表 3-8 和表 3-9 可以得出，WPUU2A 型复合乳液所需乳化剂最低用量是 3.0 wt%，WPUU3A 型复合乳液所需乳化剂最低用量也是 3.0 wt%。WPUU2A 和 WPUU3A 型复合乳液乳化剂用量大于 WPUU1A 复合乳液，结合表 2-1 可以分析其原因是 WPUU2 和 WPUU3 分子链中理论-COO^-含量相对 WPUU1 较少。对比吸水率发现，乳化剂用量与胶膜吸水率的变化趋势总体上是正相关的，因此可以根据 WPUU 分子量及各自含量的不同，选择适宜的乳化剂用量。

3.3.2 WPUUA 复合乳液聚合正交试验

1. WPUU1A 型复合乳液正交试验

通过前面 WPUU1A 复合乳液单因素试验，分别得出了三个因素。WPUU1/AC 质量比（记为 A），m(MMA):m(BA)（记为 B），以及乳化剂用量（记为 C）各自的最佳数值。接下来，将对这 3 个因素进行正交试验从而找到综合性能较优的复合乳液制备配方。

表 3-10 和表 3-11 是 WPUU1A 型复合乳液及胶膜正交试验 L9-3^3 实验设计方案和结果数据，表 3-12、表 3-13 和表 3-14 是吸水率、拉伸强度和断裂伸长率极差分析表。对比表中 R 值可以看到不同因素对吸水率影响大小顺序是：A＞B＞C；对拉伸强度影响大小顺序是：B＞A＞C；对断裂伸长率影响大小顺序是：B＞A＞C，即 WPUU/AC 对吸水率影响最大，而 m(MMA):m(BA)对拉伸强度和断裂伸长率影响最大。从吸水率最低角度考虑，最佳配方是 $A_1B_3C_1$，从拉伸强度最大考虑，最佳配方是 $A_3B_3C_3$，从断裂伸长率最大考虑，最佳配方是 $A_1B_1C_2$。为了得到综合性能较优的胶膜可选取的最佳配方是 $A_1B_2C_1$，即 WPUU1/AC＝20/80，m(MMA):m(BA)＝1:1，乳化剂用量 2.5 wt%。

表 3-10　WPUU1A 乳液正交因素水平表

水平	因素		
	A	B	C
1	20/80	1∶1.3	2.5
2	25/75	1∶1	3.0
3	30/70	1.3∶1	3.5

表 3-11　WPUU1A 乳液及胶膜正交试验设计和结果

编号	因素			吸水率/72 h%	拉伸强度/MPa	断裂伸长率/%
	A	B	C			
1	1	1	1	22.43	6.5	372
2	1	2	2	22.75	17.28	338
3	1	3	3	20.01	21.8	194
4	2	1	2	25.45	7.2	344
5	2	2	3	24.63	17.43	312
6	2	3	1	23.38	22.12	176
7	3	1	3	30.13	8.65	314
8	3	2	1	28.42	17.74	292
9	3	3	2	28.02	22.86	168

表 3-12　WPUU1A 胶膜吸水率极差分析

编号	因素		
	A	B	C
K1	21.73	26.00	24.74
K2	24.49	25.27	25.41
K3	28.56	23.80	24.92
R	6.83	2.2	0.67

表 3-13　WPUU1A 胶膜拉伸强度极差分析

编号	因素		
	A	B	C
K1	15.19	7.45	15.45
K2	15.58	17.48	15.78
K3	16.42	22.26	15.96
R	1.23	14.81	0.51

表 3-14　WPUU1A 胶膜断裂伸长率极差分析

编号	因素		
	A	B	C
K1	301.33	343.33	280
K2	277.33	314	283.33
K3	258	179.33	273.33
R	43.33	164	10

2. WPUU2A 型复合乳液正交试验

同样地对 WPUU2A 复合乳液的 3 个因素：WPUU2/AC 质量比（记为 A），m(MMA):m(BA)（记为 B）以及乳化剂用量（记为 C）进行正交试验从而找到综合性能较优的复合乳液制备配方。

表 3-15 是 WPUU2A 乳液正交因素水平表，表 3-16 是 WPUU2A 型复合乳液及胶膜正交试验 L9-3^3 实验方案和结果数据，表 3-17、表 3-18 和表 3-19 是吸水率、拉伸强度和断裂伸长率极差分析表。从表对比 R 值可以看到不同因素对吸水率影响大小顺序是：A＞B＞C；对拉伸强度影响大小顺序是：B＞A＞C；对断裂伸长率影响大小顺序是：B＞A＞C。从吸水率最低角度考虑，最佳配方是 $A_1B_3C_1$，从拉伸强度最大考虑，最佳配方是 $A_3B_3C_3$，从断裂伸长率角度考虑，最佳配方是：$A_1B_1C_1$。为了得到综合性能较优的胶膜我们选取的最佳配方是 $A_1B_2C_1$，即 WPUU2/AC＝15/85，m(MMA):m(BA)＝1:1，乳化剂用量 3.0 wt%。

表 3-15　WPUU2A 乳液正交因素水平表

水平	因素		
	A	B	C
1	15/85	1:1.3	3.0
2	20/80	1:1	3.5
3	25/75	1.3:1	4.0

表 3-16　WPUU2A 乳液及胶膜正交试验设计和结果

编号	因素			吸水率/72 h%	拉伸强度/MPa	断裂伸长率/%
	A	B	C			
1	1	1	1	22.02	6.12	394
2	1	2	2	21.83	14.62	358
3	1	3	3	19.34	19.68	226
4	2	1	2	28.12	7.59	390
5	2	2	3	27.89	16.43	324
6	2	3	1	26.54	22.92	198
7	3	1	3	30.97	9.01	382
8	3	2	1	29.31	17.35	298
9	3	3	2	28.35	23.32	186

表 3-17　WPUU2A 胶膜吸水率极差分析

编号	因素		
	A	B	C
K1	21.06	27.04	25.96
K2	28.99	26.34	26.1
K3	29.54	24.74	26.07
R	8.48	2.3	0.15

表 3-18　WPUU2A 胶膜拉伸强度极差分析

编号	因素		
	A	B	C
K1	13.47	7.57	15.46
K2	15.65	16.13	15.18
K3	16.56	21.97	15.04
R	3.09	14.44	0.42

表 3-19　WPUU2A 胶膜断裂伸长率极差分析

编号	因素		
	A	B	C
K1	326	388.67	296.67
K2	304	326.67	311.33
K3	288.67	203.33	310.67
R	37.33	185.34	14

3. WPUU3A 型复合乳液正交试验

同样地，对 WPUU3A 复合乳液的 3 个因素：WPUU3/AC 质量比（记为 A），m(MMA)∶m(BA)（记为 B）以及乳化剂用量（记为 C）进行正交试验从而得到综合性能较优的复合乳液制备配方。

表 3-20 是 WPUU3A 乳液正交因素水平表 L9-3^4，表 3-21 是 WPUU3A 型复合乳液及胶膜正交试验 L9-3^3 实验方案和结果数据，表 3-22、表 3-23 和表 3-24 是吸水率、拉伸强度和断裂伸长率极差分析表。从表对比 R 值可以看到不同因素对吸水率影响大小顺序是：A＞B＞C；对拉伸强度影响大小顺序是：B＞A＞C；对断裂伸长率影响大小顺序是：B＞A＞C。从吸水率最低角度考虑，最佳配方是 $A_1B_3C_1$，从拉伸强度最大考虑，最佳配方是 $A_3B_3C_1$。为了得到综合性能较优的胶膜，选取的最佳配方是 $A_1B_2C_1$，即 WPUU3/AC = 15/85，m(MMA)∶m(BA) = 1∶1，乳化剂用量 3.0 wt%。

表 3-20　WPUU3A 乳液正交因素水平表 L9-3^4

水平	因素		
	A	B	C
1	15/85	1∶1.3	3.0
2	20/80	1∶1	3.5
3	25/75	1.3∶1	4.0

表 3-21　WPUU3A 乳液及胶膜正交试验设计和结果

编号	因素			吸水率/72 h%	拉伸强度/MPa	断裂伸长率/%
	A	B	C			
1	1	1	1	16.69	4.02	402
2	1	2	2	16.13	14.15	364
3	1	3	3	15.36	18.56	262
4	2	1	2	24.25	5.26	398
5	2	2	3	24.34	14.86	336
6	2	3	1	22.38	19.02	222
7	3	1	3	29.88	7.38	390
8	3	2	1	28.96	15.67	316
9	3	3	2	28.04	19.91	198

表 3-22 WPUU3A 胶膜吸水率极差分析

编号	因素		
	A	B	C
K1	16.06	23.61	22.68
K2	23.66	23.14	22.81
K3	28.96	21.93	23.19
R	12.9	1.68	0.51

表 3-23 WPUU3A 胶膜拉伸强度极差分析

编号	因素		
	A	B	C
K1	12.24	5.55	12.90
K2	13.05	14.89	13.11
K3	14.32	19.16	13.6
R	2.08	13.61	0.7

表 3-24 WPUU3A 胶膜断裂伸长率极差分析

编号	因素		
	A	B	C
K1	342.67	396.67	313.33
K2	318.67	337.33	320
K3	300	227.33	329.33
R	42.67	169.34	16

3.3.3 WPUUA 胶膜吸水率分析

本节考察了 3 种不同分子量的 WPUU 在不同 WPUU/AC 质量比下的 72 h 吸水率。为了便于表述，将不同质量比的 WPUU/AC 简称为 WPUU 含量。

从图 3-1 可以看出，三种不同分子量的 WPUU，当其含量较少时，复合乳液胶膜吸水率较大，随着含量的增加，吸水率出现一个较低值，继续增大其含量时，吸水率又显著升高。这说明纯丙烯酸酯（PA）胶膜的耐水性相对较好，而 WPUU 的耐水性较差，将二者共聚结合后，可以降低水性聚氨酯脲的吸水率。对于 WPUU1A 型乳液胶膜，当 WPUU1 含量是 20 wt%时胶膜吸水率较小，含量过高或过低都会造成吸水率比较大，当含量达到 60 wt%

时，浸泡 72 h 甚至出现胶膜强度完全丧失的现象。这一变化规律可能是由于共聚物大分子链形成胶束所造成的。可能的机理分析如下：当 WPUU 在合适的含量范围内与丙烯酸酯聚合后，聚合物大分子链应该是一种亲水链段和与疏水链段交替相连的结构，表现为亲水亲油链段镶嵌，此时分子链具有形成胶束的倾向，疏水链段会出现向一起靠拢的趋势，在这个过程中亲水链段也会被牵引得更靠近，这样亲水链段与水直接接触的立体空间就会减小，因而吸水率会相对降低。与此同时，胶束中亲水链段 WPUU 中的氨基甲酸酯基和脲基可能会与在周围的聚丙烯酸酯疏水链的羰基存在一定的氢键作用，使得分子链的排列堆积更加致密，故当 WPUU 含量在一定的范围内时，复合乳液胶膜的整体亲水性表现为降低。当 WPUU 含量过低时，聚合物分子链形成胶束的趋势较小，亲水链段接触水的立体空间较大，因此吸水率较高。但是，当 WPUU 含量过大时，其自身较高的吸水性成为了主导作用，导致复合乳液胶膜吸水率升高。另外，在 WPUUA 复合乳液聚合过程中，乳化剂用量相比 PA 乳液乳化剂用量有一定减少，这也是复合乳液胶膜吸水率降低的一个因素。此外，在测试中发现，本实验条件下制备的 PA 胶膜吸水率随着时间的延长不断增大，而 WPUUA 胶膜吸水率在 24 h 后即趋于稳定，有些胶膜随着时间的延长甚至出现减小的趋势，这一现象可能与共聚物的反应程度、分子量以及成膜完整性有关。

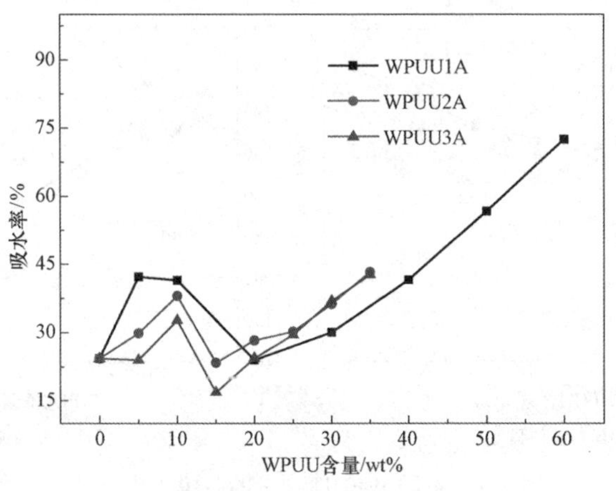

图 3-1　不同 WPUU 含量的胶膜吸水率

3.3.4 WPUUA 胶膜力学性能分析

根据综合性能较优的配方，一方面在 m(MMA):m(BA) = 1:1 时，分别改变 WPUU1、WPUU2 和 WPUU3 的含量来研究胶膜力学性能。另一方面，保持 WPUU1/AC = 20/80，WPUU2/AC = 15/85 和 WPUU3/AC = 15/85 不变，分别改变 m(MMA):m(BA)来研究胶膜力学性能。为了便于表述，将不同质量比的 WPUU/AC 简称为 WPUU 含量。

由图 3-2 可以看出，在相同的 m(MMA):m(BA)下，WPUU1A、WPUU2A 和 WPUU3A 三种不同类型的复合乳液胶膜，随着 WPUU 含量的增多，拉伸强度均逐渐增大，断裂伸长率逐渐变小。对于 WPUU1A 胶膜来说，当 WPUU1 含量为 20 wt%，即 WPUU1/AC = 20/80 时，拉伸强度最大 17.28 MPa，较本书制备工艺条件下 PA 胶膜的 6.38 MPa 有了较大提高；而断裂伸长率 338%，较 PA 胶膜的 422%出现了降低。这是因为在水性聚氨酯脲的大分子之间，除了原有的范德华力和氢键的相互作用以外还有离子之间的静电相互作用，改善了硬段微区的凝聚力，使得胶膜具有优良的物理机械性能。与此同时，可以看到不同分子量的 WPUU1、WPUU2 和 WPUU3 在相同的含量和相同的软硬单体比例下，所制备的复合乳液胶膜力学性能的差别。通过对比我们发现，拉伸强度：WPUU1A＞WPUU2A＞WPUU3A，而断裂伸长率：WPUU1A＜

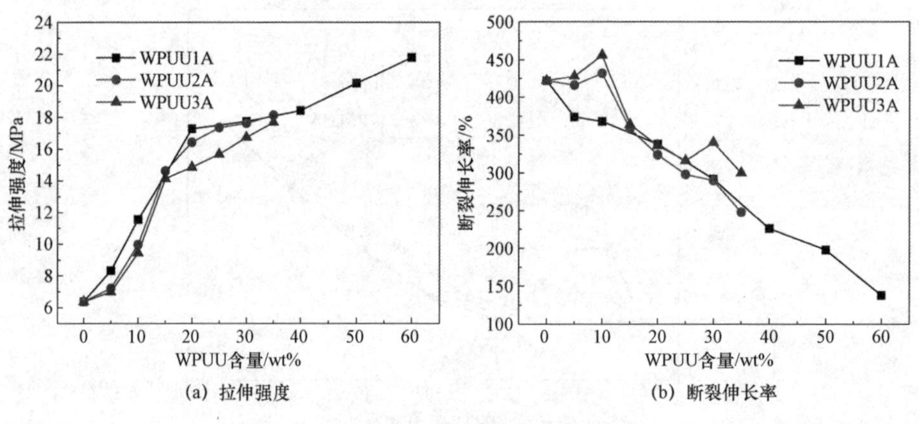

(a) 拉伸强度　　(b) 断裂伸长率

图 3-2　不同 WPUU 含量的胶膜力学性能

WPUU2A＜WPUU3A。这是因为 WPUU 分子量越大，分子链中软段所占比例越大，硬段比例越小，从而胶膜拉伸强度降低，断裂伸长率增大。

由图 3-3 可知，WPUU 含量相同时，增大 MMA 的比例会使得乳胶膜拉伸强度增大断裂伸长率减小，反之会使胶膜拉伸强度减小而断裂伸长率增大。

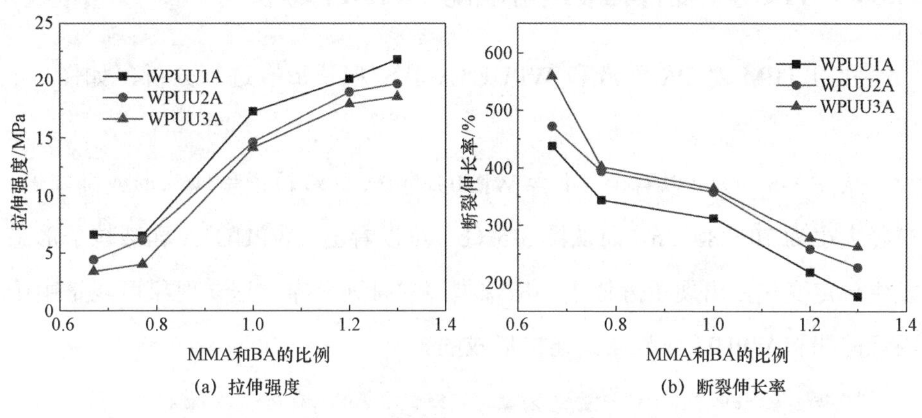

图 3-3　不同 m(MMA):m(BA)的胶膜力学性能

3.3.5　WPUUA 胶膜扫描电镜（SEM）分析

通过 SEM 图像对不同胶膜表面形貌作初步分析，如图 3-4 所示。

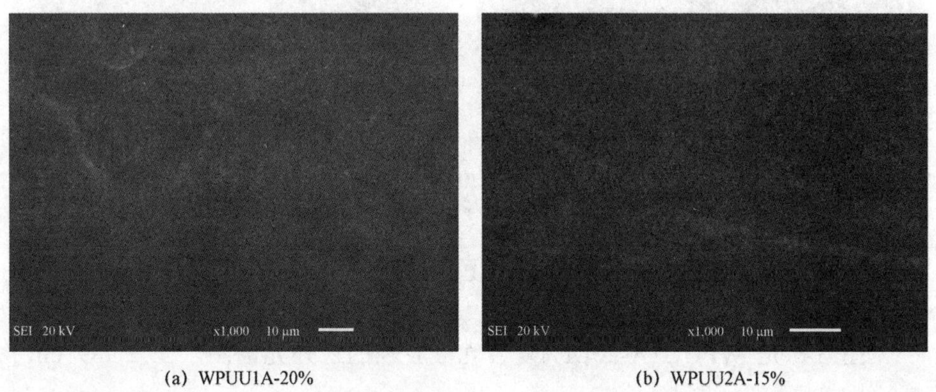

(a) WPUU1A-20%　　(b) WPUU2A-15%

图 3-4　WPUUA 胶膜扫描电镜图

由图 3-4（a）和图 3-4（b）可以看出复合乳液 WPUU1A 胶膜和 WPUU2A 胶膜均匀致密的表面结构，没有出现丙烯酸酯单体自聚形成的大颗粒。但是从 SEM 图像中并不能深刻地得到乳液分子链形态及微观结构，因此后面将通过 TEM 和 AFM 对乳液及胶膜进一步分析。

3.3.6 WPUUA 复合乳液透射电镜（TEM）分析

利用 TEM 对 PA 乳液和 WPUU1A 乳液粒子形态进行分析，如图 3-5 所示。

从图 3-5（a）可以看出，不含 WPUU 的 PA 乳液粒子呈现球形或椭球形，粒径大小为 70～80 nm。而从图 3-5（b）可以看出，WPUU1A 乳液粒子形态发生一定变化，出现了近似于“串珠型”的排列分布，这一现象可能是由于丙烯酸酯和 WPUU 交替共聚连接形成的。

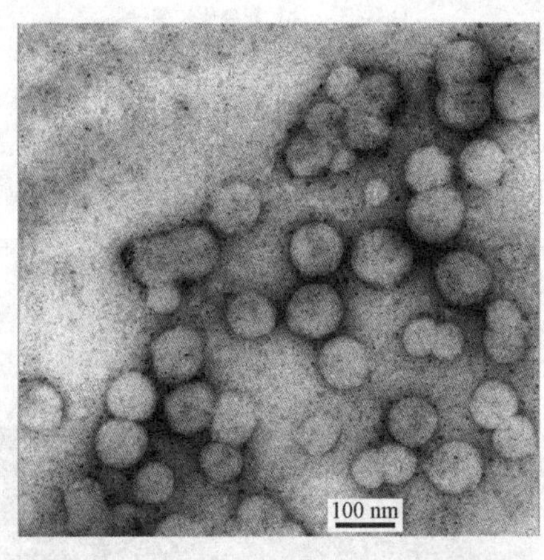

(a) PA乳液

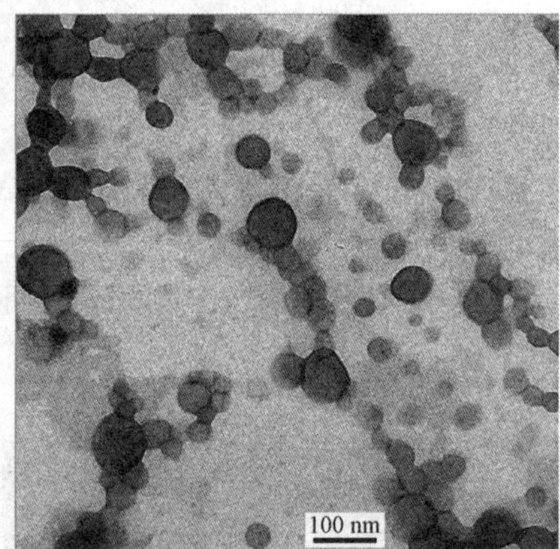

(b) WPUU1A乳液

图 3-5 PA 乳液及 WPUU1A 乳液的 TEM 图

3.3.7 WPUUA 胶膜红外光谱（FT-IR）分析

图 3-6 是 WPUU1A-20wt%复合乳液胶膜的红外光谱图，在 2 939 cm^{-1} 和 2 823 cm^{-1} 处分别是—CH_3 和—CH_2 的伸缩振动峰，1 732 cm^{-1} 处是氨基甲酸酯和脲基中 C=O 的伸缩振动峰，在 1 509 cm^{-1} 处存在脲基的特征峰，这

证明了体系中 WPUU 的存在。同时 845 cm^{-1} 处的特征峰归属于聚丙烯酸酯。

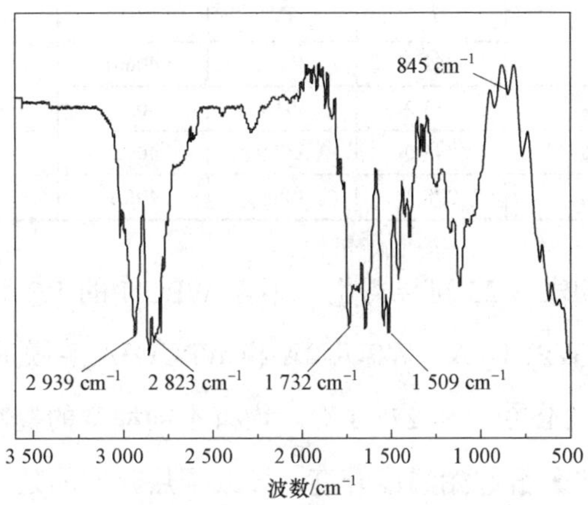

图 3-6　WPUU1A-20wt%胶膜的红外光谱图

3.3.8　WPUUA 胶膜热重（TG-DTG）分析

为了进一步研究 WPUUA 复合乳液胶膜的热性能，利用 TG 和 DTG 对样品的热分解行为进行了研究，如图 3-7 所示。与此同时，胶膜初始分解温度（T_5），失重 50%所对应的温度（T_{50}），失重 90%所对应的温度（T_{90}），以及最大失重率所对应的温度（T_{max}）等相关的热参数列于表 3-25 中。

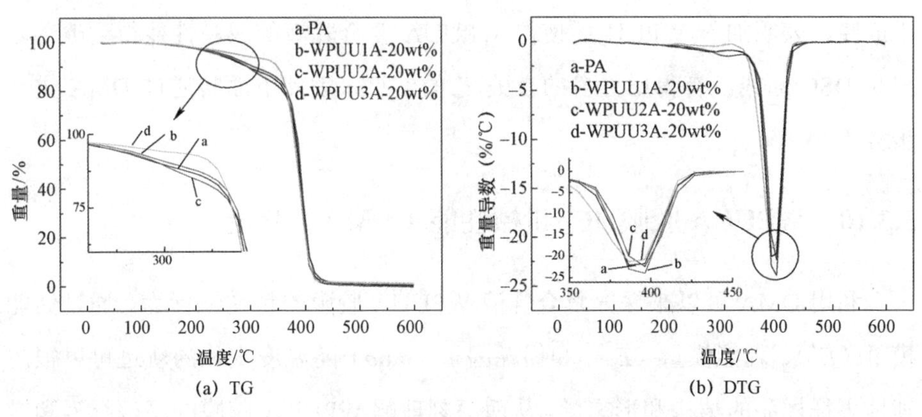

图 3-7　PA 胶膜及 WPUUA 胶膜的 TG 和 DTG 曲线

表 3-25 PA 胶膜及 WPUUA 胶膜热性能参数

样品名称	T_g/℃			DTG 峰值温度/℃
	T_5	T_{50}	T_{90}	
PA	242.6	386.2	406.0	386.3
WPUU1A-20wt%	253.2	391.2	405.7	396.4
WPUU2A-20wt%	245.0	387.9	409.9	396.4
WPUU3A-20wt%	278.3	385.9	406.1	386.4

综合图 3-7 和表 3-25 可以得出，不含 WPUU 的 PA 胶膜初始分解温度 $T_5=242.6$ ℃，而 WPUU1A、WPUU2A 和 WPUU3A 胶膜的初始分解温度 T_5 分别是 253.2 ℃、245.0 ℃和 278.3 ℃，均有不同程度的提高，表明 WPUUA 复合乳液胶膜的热分解起始温度升高，导致了热分解的延后，从而热稳定性提高。这可能是由于在三种 WPUUA 复合乳液中，极性的氨基甲酸酯基和脲基形成的硬段结晶微区内聚能较大，且与丙烯酸酯之间有较大的机会形成次级力以及分子链之间存在氢键的相互作用，从而导致热稳定性提高。

3.3.9 WPUUA 胶膜差示扫描量热（DSC）分析

通过图 3-8 胶膜 DSC 曲线可以看出，不含 WPUU 的 PA 胶膜在 $T_g=7.2$ ℃处出现一个玻璃化转变温度，归属于聚丙烯酸酯的玻璃化转变温度。而 WPUU1A-20wt%胶膜 $T_g=3.1$ ℃，相比于 PA 胶膜有所降低，较低的 T_g 有利于成膜，表明加入 WPUU 后使得 WPUUA 复合乳液的成膜性能得到改善，但从 DSC 曲线没有得出更多的有关 T_g 的信息，因此下面将通过 DMA 进一步分析。

3.3.10 WPUUA 胶膜动态机械性能（DMA）分析

利用 DMA 可以来探究复合乳液 WPUUA 胶膜的粘弹性行为。通过储能模量（E'）、耗能模量（E''）和损耗因子（$\tan\delta$）随温度变化的轨迹可以很清晰地表征样品的结构和形态学，从而深刻理解 WPUUA 胶膜的降解行为和微观结构，如图 3-9 所示。

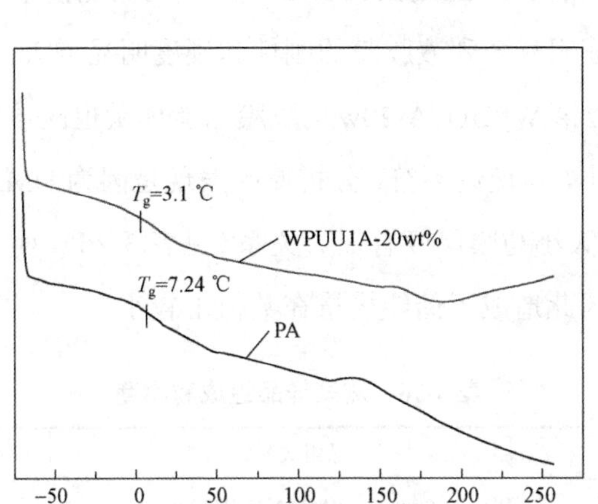

图 3-8　PA 胶膜和 WPUU1A-20wt%胶膜的 DSC 曲线

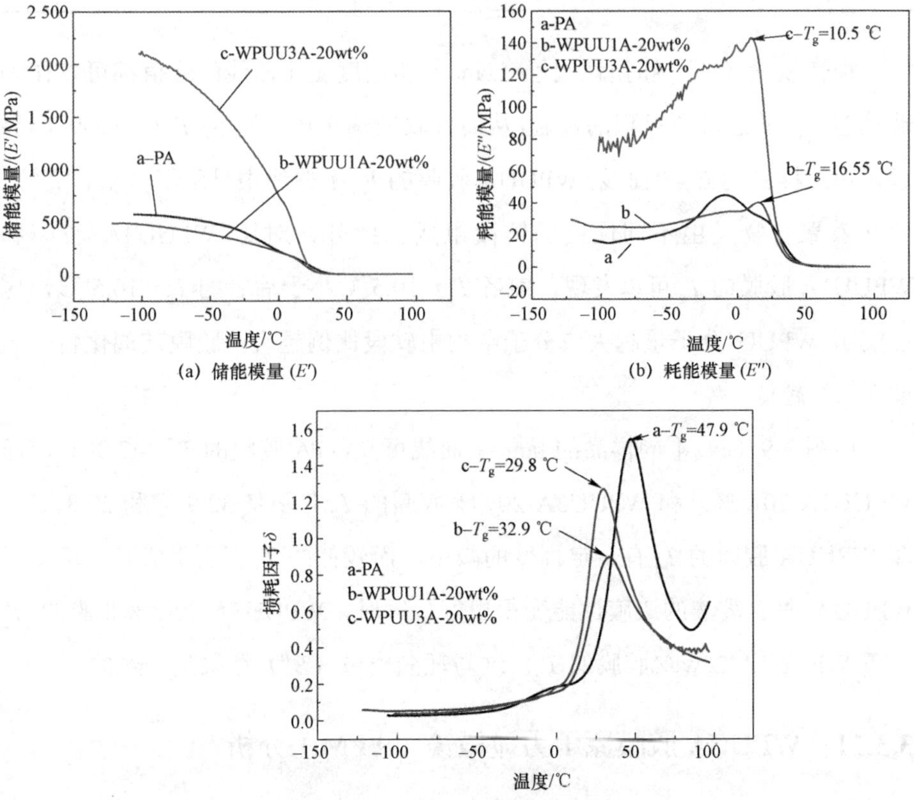

(a) 储能模量 (E')

(b) 耗能模量 (E'')

(c) 损耗因子（tanδ）

图 3-9　PA 胶膜和 WPUUA 胶膜的 DMA 曲线

如图 3-9（a）所示，WPUU3A-20wt%胶膜的储能模量（E'）与 PA 胶膜相比显著提高，证明复合乳液胶膜的刚性和硬度明显增大，这与力学性能结论是一致的。按理论 WPUU1A-20wt%胶膜储能模量也应该比 PA 胶膜大，但由图看出反而变小，与理论不符，分析原因发现是因为 DMA 在测试过程中，储能模量（E''）的大小与膜厚度有很大关系（见表 3-26），而 WPUU1A-20wt%胶膜厚度较小，因此造成了储能模量在数值上较小。

表 3-26　测试样品组成和厚度

样品名称	样品组成	样品厚度
PA	WPUU-0wt%，m(MMA):m(BA) = 1:1	0.60 mm
WPUU1A-20wt%	WPUU1-20wt%，m(MMA):m(BA) = 1:1	0.43 mm
WPUU3A-20wt%	WPUU3-20wt%，m(MMA):m(BA) = 1:1	0.58 mm

损耗模量（E''）和损耗因子（tanδ）随温度变化曲线的峰值都可以作为玻璃态–橡胶态转变过程的标志，从而代表玻璃化转变温度（T_g）。图 3-9（b）显示了不同样品的 E''-T 曲线，WPUUA 胶膜的 E''-T 曲线中显示了多重转变峰，意味着聚合物是由不同性质的链段组成。此外，对比 WPUU3A 胶膜和 WPUU1A 胶膜的 T_g 可以发现，前者 $T_g = 10.5$ ℃小于后者的 $T_g = 16.5$ ℃，这证明了 WPUU 分子量越大或分子结构中软段比例越大，胶膜玻璃化转变温度（T_g）越低。

由图 3-9（c）不同样品的 tanδ-T 曲线可知，PA 胶膜的 $T_g = 47.9$ ℃，而 WPUU1A-20wt%，和 WPUU3A-20wt%胶膜的 T_g 分别是 32.9 ℃和 29.8 ℃。即 WPUUA 胶膜的 T_g 有一定程度的减小，而较低的 T_g 有利于成膜，这说明 WPUUA 复合乳液的成膜性能变得更好。同时，WPUU3A-20wt%胶膜的 T_g 小于 WPUU1A-20wt%胶膜的 T_g，这与耗能模量（E''）结果是一致的。

3.3.11　WPUUA 胶膜原子力显微镜（AFM）分析

原子力显微镜分析可以从相图中得到膜中粒子的生成情况和排列情况，

从高度图中可以得到膜的粗糙度，表面是否均匀，粒子大小是否均匀等信息。粗糙度是关于表面接触角和分子联锁作用的一个重要参数，因此利用 R_a 和 R_q 来精确分析图像，R_a 代表平均粗糙度，R_q 代表表面波峰和波谷距离的平方根。本书使用 ScanAsyst 智能成像模式通过高度图和相图来测量胶膜形态特征和表面空间变化。

图 3-10 是 PA 胶膜和 WPUU1A 胶膜的 AFM 高度图和相图，其相应的粗糙度参数列于表 3-27 中。由图 3-10（a）PA 胶膜的 3D-高度图看出，PA 胶膜表面高低起伏较大，其表面粗糙度参数 R_a 和 R_q 分别是 47.5 nm 和 36.4 nm。由图 3-10（b）WPUU1A 胶膜的 3D-高度图可以看出加入水性聚氨酯脲 WPUU1 后，胶膜表面高低起伏程度减小，其表面粗糙度参数 R_a 和 R_q 分别

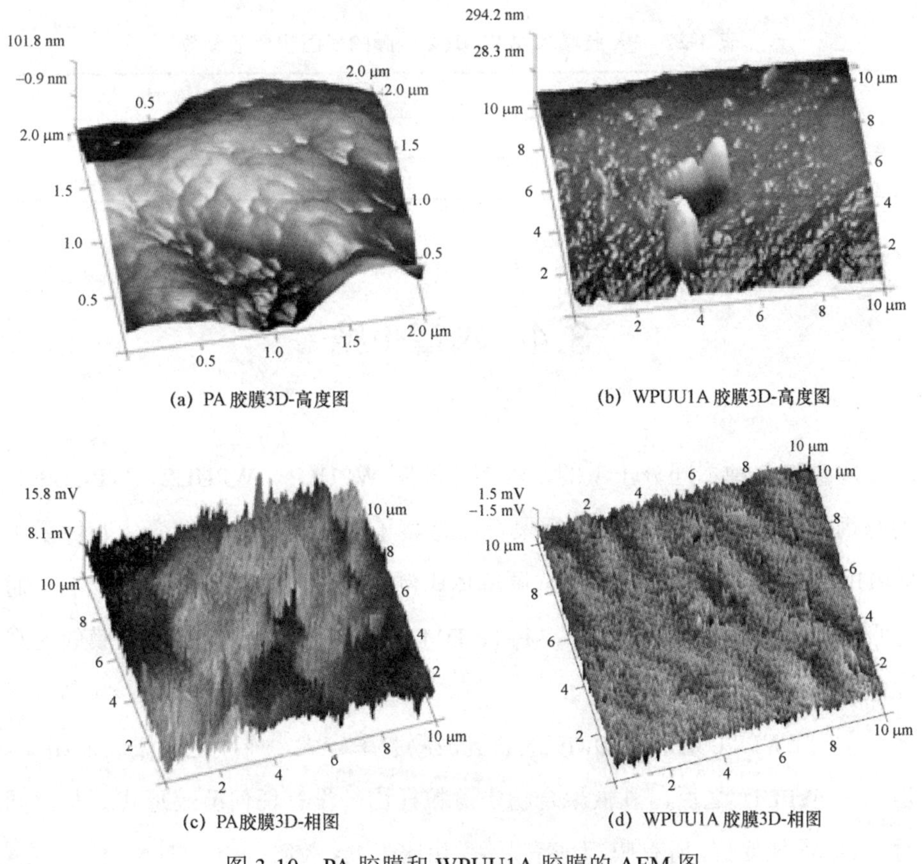

(a) PA 胶膜3D-高度图　(b) WPUU1A 胶膜3D-高度图

(c) PA胶膜3D-相图　(d) WPUU1A 胶膜3D-相图

图 3-10　PA 胶膜和 WPUU1A 胶膜的 AFM 图

是 35.2 nm 和 18.8 nm，相比 PA 胶膜有所降低。由图 3-10（c）PA 胶膜的 3D-相图可以看出，聚合物大分子中分子链的分布排列比较混乱没有规则，这是由于聚甲基丙烯酸甲酯和聚丙烯酸丁酯都属于主链含有手性中心的聚合物，其手性中心的构型是无规则的，链的对称性和规整性都被破坏，因此结晶性较差。通过图 3-10（d）WPUU1A 胶膜的 3D-相图可以发现，胶膜出现了明暗相间的条带，说明分子链排布比较规整。一方面，这是因为 WPUU1 中含有强极性的氨基甲酸酯基和脲基，其较强的氢键作用以及离子基团间的静电作用，促进了硬段的聚集和有序排列，另一方面，可能是由于加入大分子链 WPUU1 后，聚合物分子链倾向于形成胶束，有利于分子链的取向和规整排列。

表 3-27　PA 胶膜和 WPUU1A 胶膜的表面粗糙度参数

胶膜	R_a/mm	R_q/mm
PA	47.5	36.4
WPUU1A	35.2	18.8

3.4　本章小结

本章将 3 种不同分子量的水性聚氨酯脲 WPUU1、WPUU2、WPUU3 分别与丙烯酸酯单体（AC）进行聚合，考察了 WPUU 分子量变化、体系中 WPUU/AC 质量比和丙烯酸酯软硬单体比例变化对复合乳液性能的影响。通过吸水率、力学性能、FTIR、AFM、DMA 等表征手段研究了其胶膜的宏观性能和微观结构。结果如下。

① 当 WPUU 含量是 0wt%时，乳液凝胶率较大，成膜之后膜表面粗糙。当加入 WPUU 之后，乳液聚合稳定，粒径均一没有任何凝胶形成。与此同时，成膜性能变好，所有膜都平整光滑。相比于 PA 胶膜，WPUU1A、WPUU2A

和 WPUU3A 复合乳液胶膜的拉伸强度均有较大提升。

② SEM 图像可以看到 WPUUA 复合乳液胶膜均匀致密的表面结构。TEM 图像显示，WPUUA 乳液粒子形态发生一定变化，出现了近似于“串珠型”的排列分布。AFM 图像进一步可以看出，WPUUA 胶膜表面高低起伏较小，聚合物大分子中分子链排列比较规整。

③ DMA 测试结果表明，加入适量的 WPUU 后，WPUUA 胶膜的硬度和刚性增大但玻璃化转变温度（T_g）却减小，且不同胶膜的 T_g 随着 WPUU 分子量的增大而减小。

第 4 章　氨酯脲基硅烷改性水性聚氨酯脲-丙烯酸酯复合乳液（PUSiA）的制备与性能研究

4.1　实验设计思路

硅氧烷改性对提高丙烯酸酯乳液胶膜的综合性能有很大作用。目前对于硅氧烷改性丙烯酸酯乳液的研究方法大体有两类，一类是在丙烯酸酯乳液中直接添加普通硅氧烷单体，此时硅氧烷并不参与丙烯酸酯乳液的聚合；另一类就是利用含双键的硅氧烷单体参与聚合。本书设计制备了一种新型硅氧烷单体，合成工艺简单快速，在保留双键和硅氧烷基团的同时，还引入了具有优良物理性能和化学性能的氨基甲酸酯基和脲基，称之为烯丙基聚氨酯脲硅烷（PUSi）。因此，本章利用 PUSi 改性 WPUUA 乳液得到氨酯脲基硅烷改性水性聚氨酯脲－丙烯酸酯复合乳液（PUSiA），考察了烯丙基聚氨酯脲硅烷添加量对复合乳液及胶膜性能的影响。

4.2　实验部分

4.2.1　端烯基聚氨酯脲硅烷的制备

以烯丙基聚乙二醇醚（APEG-600）、异佛尔酮二异氰酸酯（IPDI）、3-氨丙基三乙氧基硅烷（KH550）为原料合成烯丙基聚氨酯脲硅烷，具体步骤如下。

① 将烯丙基聚乙二醇醚-600（APEG-600）脱水后加入少量磷酸来中和残留在 APEG-600 中的碱性催化剂以防止其影响 APEG-600 和 IPDI 的反应，备用。

② 首先在四口烧瓶中加入一定量的 IPDI，接着按摩尔比 1:1 分批次加入已脱水的 APEG-600，室温下搅拌反应 30 min，然后升温至 70 ℃反应 2 h。

③ 将体系用冰水浴降温至 5 ℃，然后分批次缓慢加入计量的 KH550，此时一定要控制 KH550 的加入速度和加入量，否则会引起反应剧烈放热，引发副反应。加完之后，再常温搅拌反应 30 min 即可得到所设计的烯丙基聚氨酯脲硅烷（PUSi），其结构如图 4-1 所示。

4.2.2　氨酯脲基硅烷改性水性聚氨酯脲–丙烯酸酯复合乳液的制备

令 WPUU2/AC = 10/90，即水性聚氨酯脲 WPUU2 含量为 10 wt%，丙烯酸酯单体含量为 90 wt%，其中 m(MMA):m(BA) = 1:1，乳化剂 3 wt%，引发剂 0.4 wt%，分别改变烯丙基聚氨酯脲硅烷（PUSi）添加量，合成氨酯脲基硅烷改性的水性聚氨酯脲–丙烯酸酯复合乳液（PUSiA）。具体步骤如下。

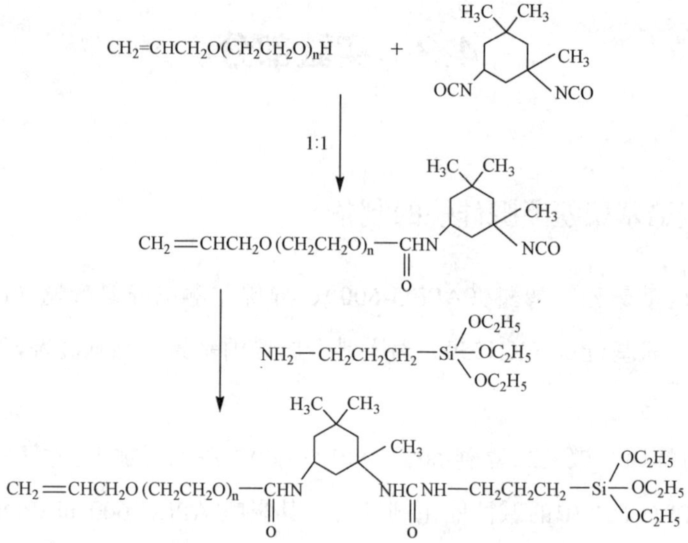

$CH_2{=}CHCH_2O(CH_2CH_2O)_nH$ + IPDI（H_3C, CH_3, CH_3, OCN, NCO）

1:1

$CH_2{=}CHCH_2O(CH_2CH_2O)_n{-}\underset{\|}{C}(O)HN{-}$(环)$-NCO$

$NH_2{-}CH_2CH_2CH_2{-}Si(OC_2H_5)_3$

$CH_2{=}CHCH_2O(CH_2CH_2O)_n{-}C(O)HN{-}$(环)${-}NHC(O)NH{-}CH_2CH_2CH_2{-}Si(OC_2H_5)_3$

图 4-1　烯丙基聚氨酯脲硅烷（PUSi）制备流程图

① 将部分去离子水、乳化剂和引发剂加入四口烧瓶中，搅拌溶解。

② 将计量的丙烯酸酯单体和烯丙基聚氨酯脲硅烷滴加到上述四口烧瓶中，搅拌 30 min 得到单体预乳化液，留取其中一部分，其余的装入恒压滴定管中。

③ 将计量的水性聚氨酯脲、剩余的乳化剂、引发剂和去离子水加入上述四口烧瓶中，升温至 75 ℃保温反应 30 min，接着开始滴加剩余的单体预乳化液。

④ 2 h 滴加完毕之后继续在此温度保温反应 1 h，反应结束后降至室温，过滤出料，制得所述 PUSiA 复合乳液。

4.2.3　PUSiA 复合乳液胶膜的制备

取适量所制备的复合乳液均匀地涂覆于玻璃板上，室温干燥 24 h 后，脱模并将其置于 60 ℃真空干燥箱中 24 h，得到厚度约为 0.5 mm 的薄膜，保存在干燥器中，之后进行一系列性能测试。

4.3　结果与讨论

4.3.1　PUSiA 复合乳液物理性能分析

保持 WPUU2/AC = 10/90，其中 m(MMA):m(BA) = 1:1，乳化剂 3 wt%，引发剂 0.4 wt%，改变烯丙基聚氨酯脲硅烷添加量，乳液性能如表 4-1 所示。

表 4-1　不同 PUSi 添加量的 PUSiA 复合乳液性能

PUSi/wt%	乳液外观	凝胶率/wt%	机械稳定性
0	蓝光	0	无沉淀
0.5	蓝光	0	无沉淀
1	蓝光	0	无沉淀
2	蓝光	0.5	无沉淀
3	蓝光	1.21	少量沉淀
4	蓝光较弱	2.36	有沉淀
5	无蓝光	8.71	有沉淀

通过表 4-1 可以看出，当烯丙基聚氨酯脲硅烷添加量逐渐增大时，复合乳液的凝胶率也逐渐增大，当添加量达到 5 wt%时，复合乳液凝胶率较大、无蓝光，而且在高速离心机中离心 15 min 后，底部出现一些沉淀，这可能是由于当 PUSi 添加量过大时，造成复合乳液体系交联程度增大，乳液粒径增大，产生大量凝胶。故本实验后续研究中 PUSi 添加量保持在 4 wt%以内。

4.3.2　PUSiA 胶膜吸水率分析

与第 3 章中 WPUU2/AC = 10/90，m(MMA):m(BA) = 1:1 的 WPUU2A 胶膜吸水率进行对比，如图 4-2 所示。

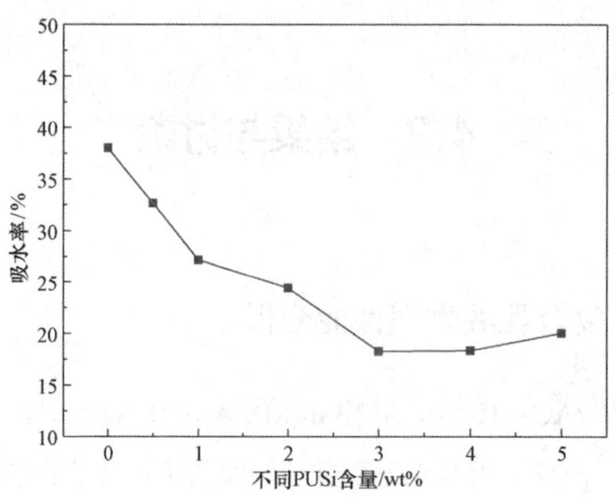

图 4-2 不同 PUSi 添加量的 PUSiA 胶膜吸水率

由图可以看出，将烯丙基聚氨酯脲硅烷引入到 WPUUA 体系中，可以显著降低胶膜的吸水率，随着 PUSi 添加量的增大，吸水率先降低又缓慢升高，当 PUSi 添加量是 3 wt%时，吸水率最低 18.28%。这可能是因为当添加量适中时，聚合物大分子链中的硅氧烷基团水解产生一定的交联，使得胶膜形成致密的网状结构，从而阻碍了水分子的渗入。但当添加量过多时，胶膜局部交联度过高，造成颗粒聚集严重，整体交联度降低，反而破坏了胶膜的致密性，使得成膜完整性变差，吸水率升高。

4.3.3 PUSiA 胶膜力学性能分析

与第 3 章中 WPUU2/AC = 10/90，m(MMA)∶m(BA) = 1∶1 的 WPUU2A 胶膜的力学性能进行对比，如图 4-3 所示。

由图 4-3 可知，随着 PUSi 添加量的增加，拉伸强度呈现先增大后降低的趋势，而断裂伸长率先减小随后没有显示出较强的规律性。当 PUSi 添加量为 3 wt%时，胶膜拉伸强度达到 15.49 MPa，此时断裂伸长率为 308%。这是因为在体系中引入 PUSi 后，分子链中的硅氧烷基团水解产生一定交联，提高了分子间的交联密度，导致拉伸强度提高，而交联度的提高限制了分子链的移动性，因此断裂伸长率出现相应的降低。而当添加量过大时，由于 PUSi 局部水解交联度过大而造成乳液粒子聚集，导致胶膜均匀性较差，整体交联密度降低。这样，一方面胶膜的不均匀性会导致拉伸强度降低，另一方面局部形成较大的聚集颗粒，出现局部的应力集中，也会造成拉伸强度降低，与此同时断裂伸长率也可能由于胶膜的不均匀性而出现波动的情况。

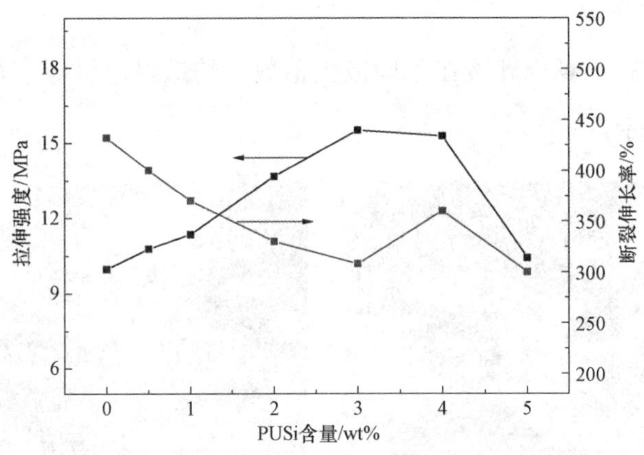

图 4-3　不同 PUSi 添加量的胶膜力学性能图

4.3.4　PUSiA 胶膜扫描电镜（SEM）分析

通过 SEM 图像对 PUSiA-4wt%胶膜表面形貌作初步分析，如图 4-4 所示。

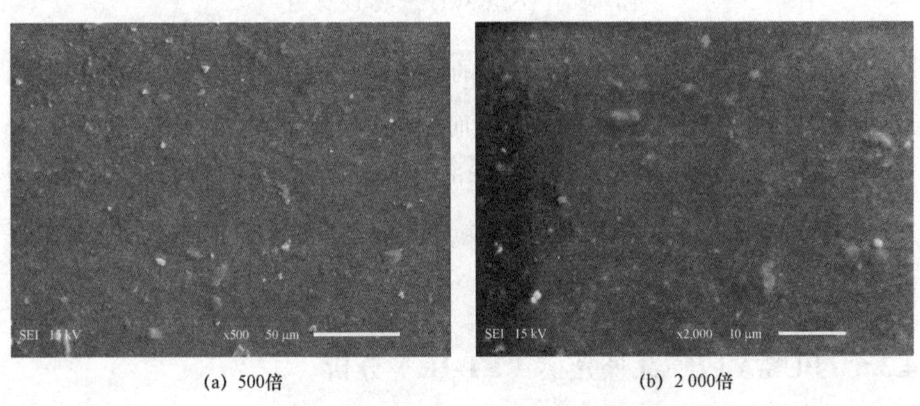

(a) 500倍　(b) 2 000倍

图 4-4　PUSiA-4wt%胶膜的 SEM 图像

由图可以看出，当 PUSi 添加量达到 4%时，PUSiA 胶膜虽整体上仍拥有均匀致密的表面结构。但同时，可以观察到一些由于分子链中侧链硅氧烷基团水解交联导致聚合物分子局部聚集形成的较大胶团。但是从 SEM 图像中并不能深刻地得到乳液分子链的形态及微观结构，因此后面将通过 TEM 和 AFM 对乳液及胶膜作进一步分析。

4.3.5 PUSiA 复合乳液透射电镜（TEM）分析

改性 PUSiA 复合乳液在不同放大倍数下的透射电镜观察得到的粒子形态如图 4-5 所示。

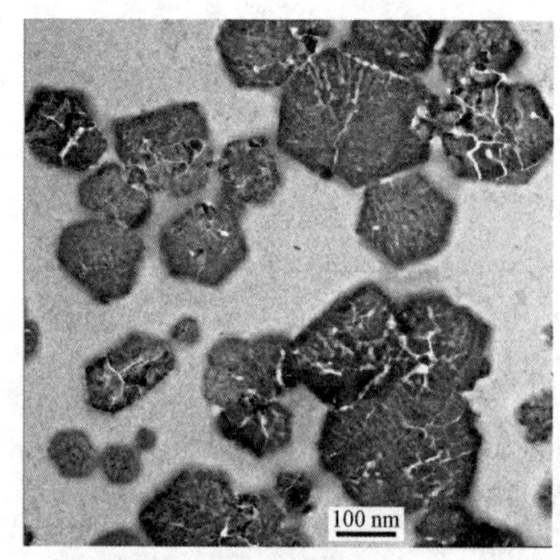

(a) 低倍下粒子形态

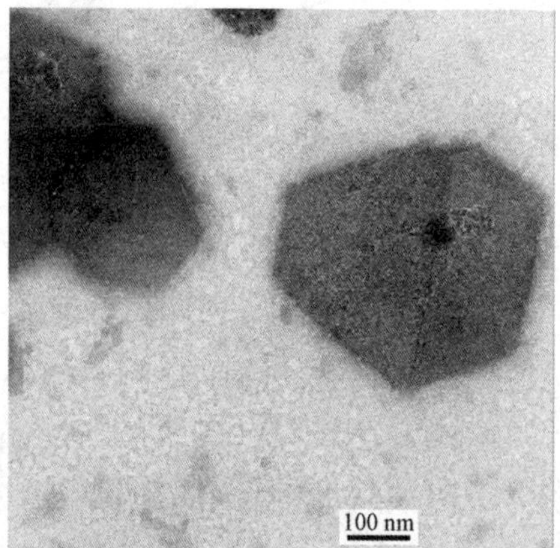

(b) 高倍下粒子形态

图 4-5　PUSiA-3wt%乳液 TEM 图

由图 4-5 可以看出，PUSiA 乳液的粒子形态发生很大改变，呈现出多边形，其中以六边形形态存在的最多，而且粒径明显增大，较小的为 200 nm 左右，较大的可达到 400 nm 左右，这可能是由于 PUSi 水解交联导致乳液粒子聚集所造成的，但是关于其六边形粒子形态的更深层次的机理原因分析还有待进一步探索。

4.3.6 PUSiA 胶膜红外光谱（FT-IR）分析

PUSiA-3wt%胶膜的 FT-IR 谱图如图 4-6 所示。

在 2 940～2 830 cm^{-1} 范围内是-CH_3 和-CH_2 中 C-H 的伸缩振动吸收峰，1 738 cm^{-1} 处为氨基甲酸酯基和脲基 C＝O 的伸缩振动吸收峰，1 524 cm^{-1} 处

特征峰归属于脲基，在 1 021 cm^{-1} 处出现-Si-O-Si-特征吸收峰，表明胶膜中存在烯丙基聚氨酯脲硅烷。

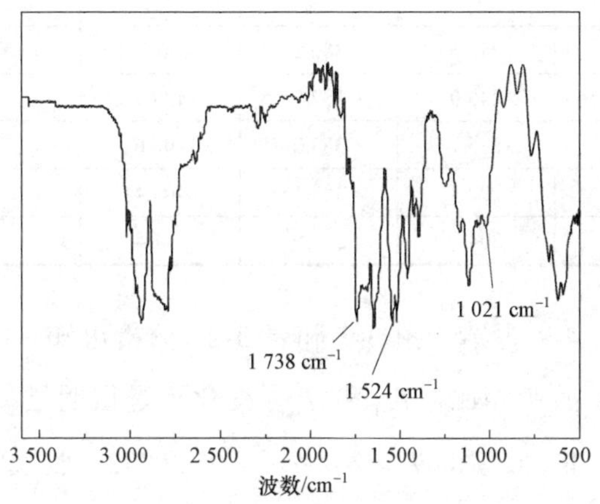

图 4-6　PUSiA-3wt%胶膜红外光谱图

4.3.7　PUSiA 胶膜热重（TG-DTG）分析

为了进一步研究 PUSiA 复合乳液胶膜的热性能，利用 TG 和 DTG 对样品的热分解行为进行了研究，如图 4-7 所示，与此同时胶膜初始分解温度（T_5），失重 50%所对应的温度（T_{50}），失重 90%所对应的温度（T_{90}），以及最大失重率所对应的温度（T_{max}）等相关的热参数列于表 4-2 中。

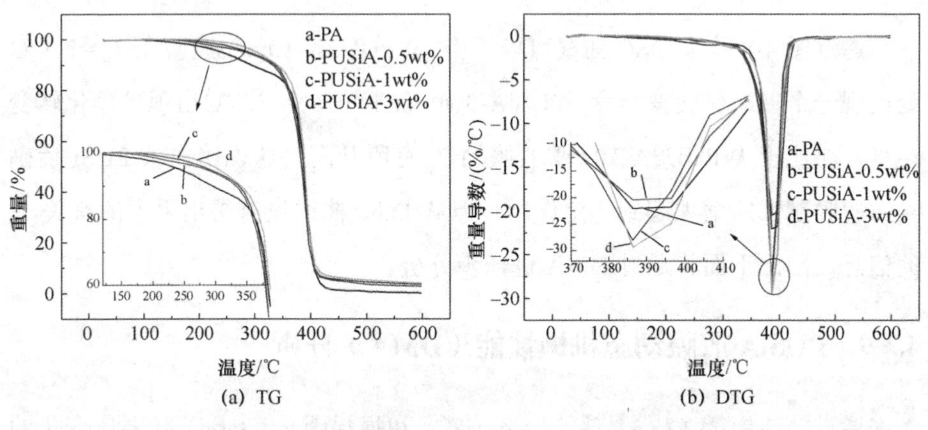

图 4-7　PA 胶膜及 PUSiA 胶膜 TG 和 DTG 曲线

表 4-2 PA 胶膜、WPUU2A 胶膜及 PUSiA 胶膜热性能数据

样品名称	T_g/℃			DTG 峰值温度/℃
	T_5	T_{50}	T_{90}	
PA	242.6	386.2	406.05	386.3
WPUU2A-20wt%	245.0	387.9	409.9	396.4
PUSiA-0.5wt%	285.1	384.2	406.6	386.5
PUSiA-1wt%	290.4	384.1	405.4	386.3
PUSiA-3wt%	304.9	389.0	411.4	386.3

由图 4-7、表 4-2 再结合图 3-7 和表 3-25 分析可知，PUSiA 胶膜与 PA 胶膜和 WPUU2A 胶膜相比，T_{50} 和 T_{max} 变化不是很明显，但初始分解温度 T_5 有了显著提升。PA 胶膜的 T_5 = 242.6 ℃，WPUU2A 胶膜的 T_5 = 245.0 ℃而 PUSiA-0.5 wt%、PUSiA-1wt%和 PUSiA-3wt%胶膜的 T_5 分别是 285.1 ℃，290.4 ℃，304.9 ℃，且 T_5 随着 PUSi 含量的增大而增大。这表明引入 PUSi 提高了胶膜的热分解起始温度，导致了热分解的延期，因此热稳定性提高。这是因为一方面，硅氧键键能较高其自身有较好的耐热性，分子断裂相对较难。另一方面，聚合物大分子链中的硅氧烷基团通过水解形成一定的交联网络，增大了胶膜的交联密度，从而进一步提高了胶膜的热稳定性。

4.3.8 PUSiA 胶膜差示扫描量热（DSC）分析

通过图 4-8 胶膜 DSC 曲线可以看出，WPUU2A-10wt%胶膜在 T_g = 2.7 ℃处出现一个玻璃化转变温度。PUSiA-3wt%胶膜在 T_g = 7.7 ℃出现玻璃化转变温度，相比于 WPUU2A-10wt%胶膜的 T_g 有所升高，这说明加入 PUSi 后确实对胶膜刚性的增大起到一定作用。但从 DSC 曲线没有得出更多的有关 T_g 的信息，因此下面将通过 DMA 进一步分析。

4.3.9 PUSiA 胶膜动态机械性能（DMA）分析

通过储能模量（E'）、耗能模量（E''）和损耗因子（tanδ）随温度变化的轨迹来清晰地分析 PUSiA 胶膜的降解行为和微观结构，如图 4-9 所示，PUSi

添加量及测试样品厚度见表 4-3。

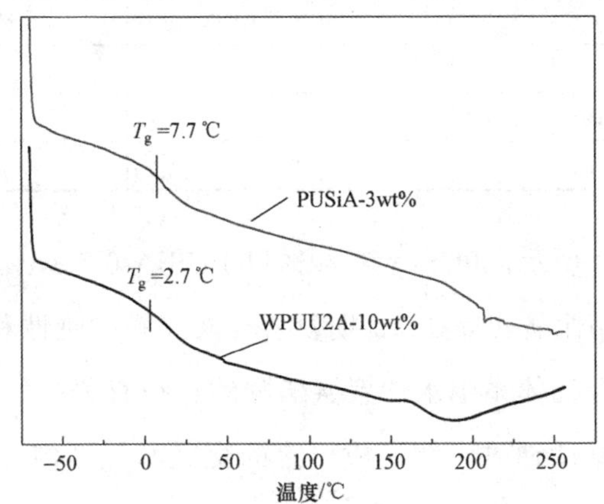

图 4-8　WPUU2A 胶膜及 PUSiA 胶膜 DSC 曲线

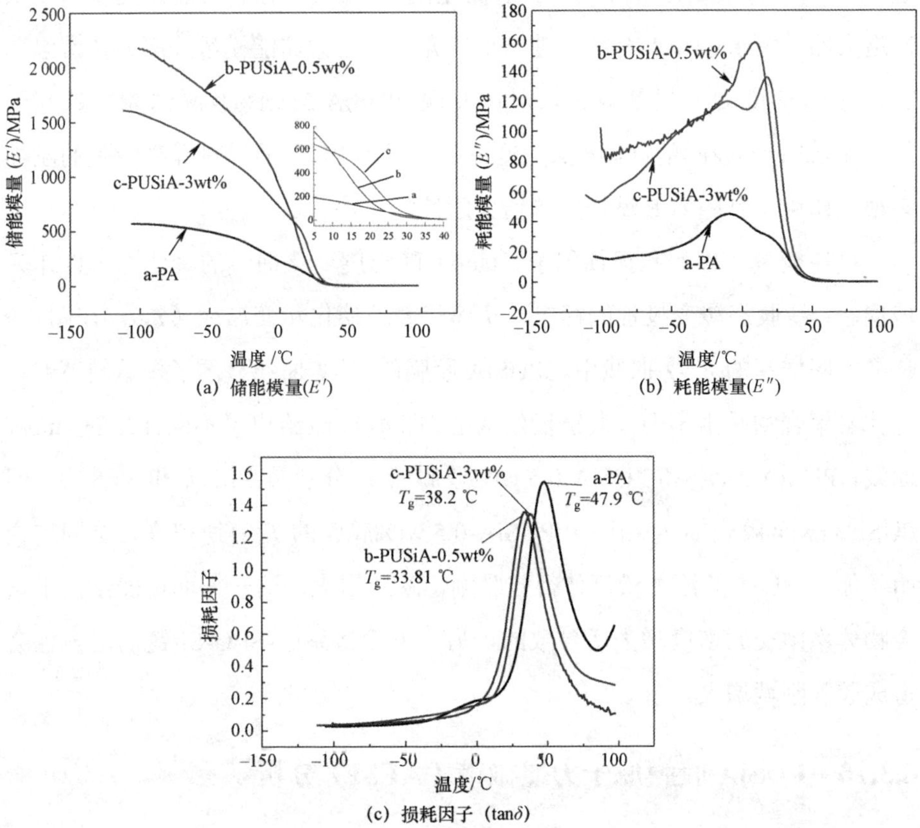

(a) 储能模量(E')

(b) 耗能模量(E'')

(c) 损耗因子（tanδ）

图 4-9　PUSiA 胶膜 DMA 曲线

表 4-3　PUSi 添加量及测试样品厚度

样品名称	PUSi 含量/wt%	样品厚度/mm
PA	0	0.60
PUSiA-0.5wt%	0.5	0.58
PUSiA-3wt%	3	0.60

如图 4-9（a）所示，PUSiA-3 wt%和 PUSiA-0.5 wt%胶膜的储能模量（E'）与 PA 胶膜相比显著提高，证明复合乳液胶膜的刚性和硬度明显增大。一方面，这与聚合物体系中水性聚氨酯脲的存在有关；另一方面，聚合物分子中的硅氧烷基团通过水解形成一定的交联网状结构，提高了胶膜的交联密度，因此机械强度增大。在低温区域时，PUSiA-0.5 wt%胶膜的储能模量（E'）大于 PUSiA-3 wt%胶膜的储能模量（E'），这有可能是交联的复杂性造成的，关于这一点有待于进一步研究。但是对储能模量（E'）在常温范围内（10～40 ℃）局部放大，对比发现 PUSiA-3 wt%胶膜储能模量高于 PUSiA-0.5 wt%胶膜的储能模量，这说明了引入 PUSi 的确对提高胶膜的刚性有很大作用，且随着其添加量的增大刚性随之增大。

损耗模量（E''）和损耗因子（tanδ）随温度变化曲线的峰值都可以作为玻璃态－橡胶态转变过程的标志，从而代表玻璃化转变温度（T_g）。在图 4-9（b）不同样品的 E''-T 曲线中，PUSiA 胶膜的 E''-T 曲线显示了多重转变峰，意味着聚合物是由不同性质链段组成的。图 4-9（c）给出了不同样品的 tanδ-T 曲线，PUSiA-3wt%和 PUSiA-0.5 wt%胶膜的 T_g 分别是 38.2 ℃和 33.8 ℃，即 PUSiA-3wt%胶膜的 T_g 相比于 PUSiA-0.5 wt%胶膜的 T_g 有所提高，这同样说明了加大 PUSi 的添加量可使得胶膜刚性随之增大，这一方面可能是由于聚合物体系中交联密度增大所导致的，另一方面体系中-Si-O-Si-键的增多也会造成胶膜刚性增大。

4.3.10　PUSiA 胶膜原子力显微镜（AFM）分析

WPUU1A 胶膜和 PUSiA 胶膜的 AFM 3D-高度图和 3D-相图如图 4-10 所

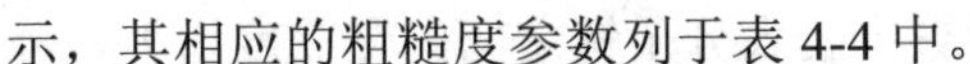

示，其相应的粗糙度参数列于表 4-4 中。

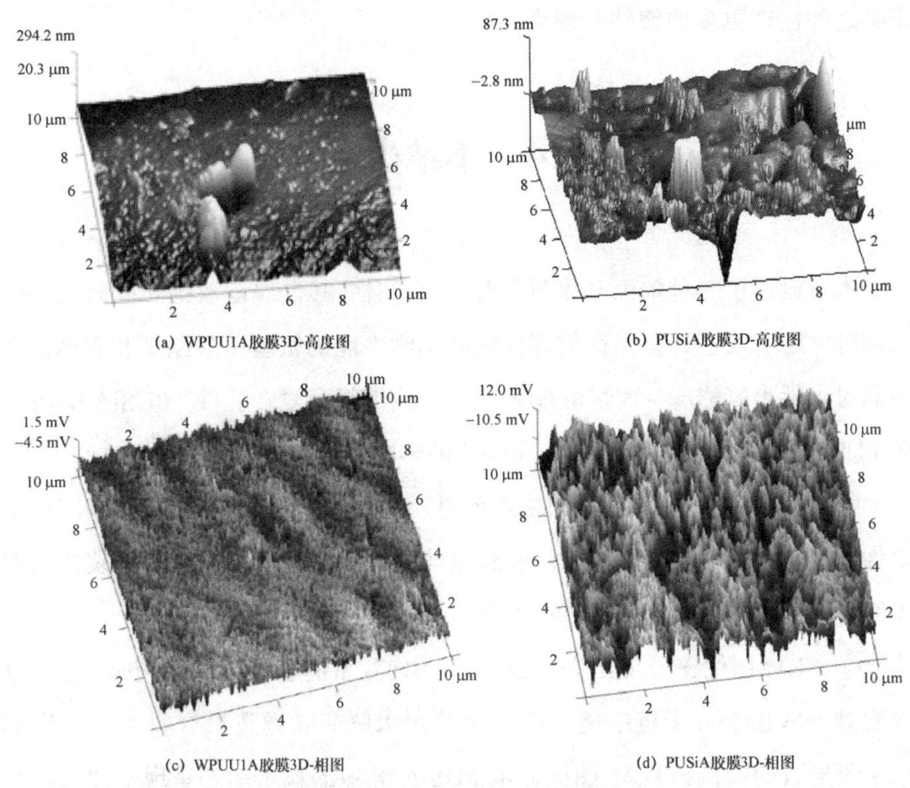

(a) WPUU1A胶膜3D-高度图

(b) PUSiA胶膜3D-高度图

(c) WPUU1A胶膜3D-相图

(d) PUSiA胶膜3D-相图

图 4-10　WPUU1A 胶膜及 PUSiA 胶膜的 AFM 图

表 4-4　WPUU1A 胶膜和 PUSiA 胶膜的表面粗糙度参数

胶膜	R_a/nm	R_q/nm
WPUU1A	35.2	18.8
PUSiA	19.2	11.3

由表 4-4 可知，WPUU1A 胶膜的粗糙度参数 R_a 和 R_q 分别是 35.2 nm 和 18.8 nm，而 PUSiA 胶膜的表面粗糙度参数 R_a 和 R_q 分别是 19.2 nm 和 11.3 nm，相比 WPUUA 胶膜出现一定的下降。对比图 4-10（c）和图 4-10（d）WPUU1A 胶膜和 PUSiA 胶膜的 3D-相图可以发现，用 PUSi 改性后的胶膜虽然有一定明暗不同的区域，但分布不是很规整，明暗相间的条带现象没有 WPUU1A 胶膜明显，说明聚合物大分子中分子链排布规整性降低。这可能是由于引入

PUSi 后，硅氧烷基团水解交联使得聚合物大分子链之间的交联度增大，分子链之间出现更多的缠结和混合。

4.4 本章小结

本章设计了一种烯丙基聚氨酯脲硅烷单体，其在保留双键和硅氧烷基团的同时，还引入了具有优良物理性能和化学性能的氨基甲酸酯基和脲基。利用其对水性聚氨酯脲－丙烯酸酯乳液进行改性得到复合乳液（PUSiA），考察了 PUSi 含量对复合乳液及其胶膜性能的影响。结果如下。

① 将 PUSi 引入到 WPUUA 体系中，可以降低胶膜的吸水率，提高热稳定性。随着 PUSi 含量的增加，胶膜拉伸强度先增大后降低，而断裂伸长率先减小随后没有显示出较强的规律性。

② SEM 图像在展现出 PUSiA 胶膜均匀致密的表面形貌的同时，也可以观察到一些由于分子链中侧链硅氧烷基团水解交联导致聚合物大分子局部聚集所形成的颗粒。TEM 图像显示 PUSiA 乳液的粒子形态呈现多边形，其中以六边形为主。

③ DMA 测试发现 PUSiA-3 wt%胶膜储能模量（E'）高于 PUSiA-0.5 wt%胶膜且高于 PA 胶膜，这说明了在复合乳液中引入 PUSi 的确对提高胶膜的刚性有一定作用，且 PUSi 添加量越多对胶膜刚性提升的贡献作用越大。

④ AFM 图像分析显示，加入 PUSi 后，胶膜表面平整光滑，高低起伏很小。但与第四章中未改性的 WPUUA 胶膜相比，聚合物大分子中分子链排列的规整性有所下降。

第5章　柔性聚氨酯-丙烯酸酯复合乳液（PUEGA）的制备与性能研究

5.1　实验设计思路

常规丙烯酸酯胶膜，通过加大软单体含量来增大胶膜的柔韧性会造成乳液成膜后过于柔软，可能出现一定的黏性而造成耐污性较差，在实际应用中受到一定限制。端烯基聚氧乙烯醚分子链结构规整，具有良好的生物相容性和柔韧性，且亲水性好。利用其端羟基与异氰酸酯基反应使得分子结构中产生氨基甲酸酯基团，可以在保持分子链柔韧性的同时增加一定的刚性。因此，本章通过分子设计，利用不同分子量的端烯基聚氧乙烯醚和异佛尔酮二异氰酸酯（IPDI）按摩尔比 2:1 反应制备了 4 种新颖的含氨酯基的端烯基聚醚，因其具有聚醚型聚氨酯特征，故称为端烯基聚氨酯中间体，依据分子量大小分别标记为 PUEG1、PUEG2、PUEG3 和 PUEG4。然后分别将其与丙烯酸酯类单体（AC）共聚得到一系列柔性聚氨酯-丙烯酸酯复合乳液（PUEGA），考察了不同分子量 PUEG 以及 PUEG 和 AC 在不同质量比下，复合乳液及胶膜的宏观性能和微观结构。实验中，为了便于表述，在一些描述中将 PUEG/AC 的质量比表述为 PUEG 含量。

5.2 实验部分

5.2.1 端烯基聚氨酯中间体（PUEG）的制备

以烯丙基聚乙二醇醚-600（APEG-600）、烯丙基聚乙二醇醚-1000（APEG-1000）、异戊烯醇聚氧乙烯醚-2600（TPEG-2600）、甲基烯丙基聚氧乙烯醚-3100（HPEG-3100）分别和异佛尔酮二异氰酸酯（IPDI）按摩尔配比2:1，制备端烯基聚氨酯中间体，所合成的单体依次标记为PUEG1、PUEG2、PUEG3、PUEG4，见表5-1。具体过程如下。

首先在四口烧瓶中加入计量的 IPDI，接着分批次加入计量的脱过水的APEG-600、APEG-1000、TPEG-2600或HPEG-3100，先在室温下反应30 min，然后升温至70 ℃反应2 h，即可得到设计的端烯基聚氨酯中间体（PUEG）。

表 5-1 PUEG 组成及理论分子量

样品编号	样品组成	理论分子量（M_n）
PUEG1	APEG-600＋IPDI	1 422
PUEG2	APEG-1000＋IPDI	2 222
PUEG3	TPEG-2600＋IPDI	5 422
PUEG4	HPEG-3100＋IPDI	6 422

5.2.2 柔性聚氨酯–丙烯酸酯复合乳液的制备

柔性聚氨酯–丙烯酸酯（PUEGA）复合乳液的制备步骤如下。

① 将部分去离子水、乳化剂和引发剂先混合于四口烧瓶中，搅拌溶解。

② 将计量的丙烯酸酯单体滴加到上述四口烧瓶中，搅拌30 min得到单体预乳化液，留取其中一部分，其余的装入恒压滴定管中。

③ 然后将计量的端烯基聚氨酯中间体、剩余的乳化剂和引发剂以及剩余的去离子水加入上述四口烧瓶中，缓慢升温至75 ℃左右，保温反应30 min，

接着开始滴加剩余的单体预乳化液。

④ 2 h 滴加完毕之后继续在此温度保温反应 1 h，反应结束后降至室温，过滤出料，制得所述柔性聚氨酯－丙烯酸酯复合乳液。

5.2.3　PUEGA 复合乳液胶膜的制备

取适量所制备的复合乳液均匀地涂覆于玻璃板上，室温干燥 24 h 后，脱模并将其置于 60 ℃真空干燥箱中 24 h，得到厚度约为 0.5 mm 的薄膜，保存在干燥器中，之后进行一系列性能测试。

5.3　结果与讨论

5.3.1　PUEGA 复合乳液的制备及物理性能

PUEG1A 型、PUEG2A 型、PUEG3A 型及 PUEG4A 型复合乳液的制备方法及物理性能如下。

5.3.1.1　PUEG1A 型复合乳液

保持 m(MMA):m(BA) = 1:1，乳化剂 3 wt%、引发剂 0.4 wt%不变，依次按不同的 PUEG1/AC 做一系列实验，所得复合乳液物理性能见表 5-2。

表 5-2　不同 PUEG1/AC 的乳液性能

PUEG1/AC	乳液外观	凝胶率/wt%	机械稳定性
0/100	蓝光	4.08	无沉淀
5/95	蓝光	0	无沉淀
10/90	蓝光	0	无沉淀
15/85	蓝光	0	无沉淀
20/80	蓝光	0	无沉淀
30/70	蓝光	0	无沉淀
40/60	蓝光	0	无沉淀

5.3.1.2 PUEG2A 型复合乳液

同样试验条件下，依次按不同的 PUEG2/AC 做一系列实验，所得复合乳液物理性能见表 5-3。

表 5-3 不同 PUEG2/AC 的乳液性能

PUEG2/AC	乳液外观	凝胶率/wt%	机械稳定性
0/100	蓝光	4.08	无沉淀
5/95	蓝光	0	无沉淀
10/90	蓝光	0	无沉淀
15/85	蓝光	0	无沉淀
20/80	蓝光	0	无沉淀
30/70	蓝光	0	无沉淀
40/60	蓝光	0	无沉淀

5.3.1.3 PUEG3A 型复合乳液

同样试验条件下，依次按不同的 PUEG3/AC 做一系列实验，所得复合乳液物理性能见表 5-4。

表 5-4 不同 PUEG3/AC 的乳液性能

PUEG3/AC	乳液外观	凝胶率/wt%	机械稳定性
0/100	蓝光	4.08	无沉淀
5/95	蓝光	0	无沉淀
10/90	蓝光	0	无沉淀
15/85	蓝光	0	无沉淀
20/80	蓝光	0	无沉淀
30/70	蓝光	0	无沉淀
40/60	蓝光	0	无沉淀

5.3.1.4 PUEG4A 型复合乳液

同样试验条件下，依次按不同的 PUEG4/AC 做一系列实验，所得复合乳液物理性能见表 5-5。

表 5-5　不同 PUEG4/AC 的乳液性能

PUEG4/AC	乳液外观	凝胶率/wt%	机械稳定性
0/100	蓝光	4.08	无沉淀
5/95	蓝光	0	无沉淀
10/90	蓝光	0	无沉淀
15/85	蓝光	0	无沉淀
20/80	蓝光	0	无沉淀
30/70	蓝光	0	无沉淀
40/60	蓝光	0	无沉淀

由表 5-2 至表 5-5 乳液的物理性能可知，柔性聚氨酯－丙烯酸酯复合乳液物理状态都很好，机械稳定性好，外观泛蓝光。4 种不同类型的复合乳液中，PUEG/AC 质量比的改变，不会对乳液稳定性造成大的影响。

5.3.2　PUEGA 胶膜吸水率分析

利用 4 种不同分子量的 PUEG 所制备的 PUEGA 复合乳液胶膜在不同 PUEG/AC 含量下的吸水率如图 5-1 所示，为了便于表述，将 PUEG/AC 质量比简称为 PUEG 含量。

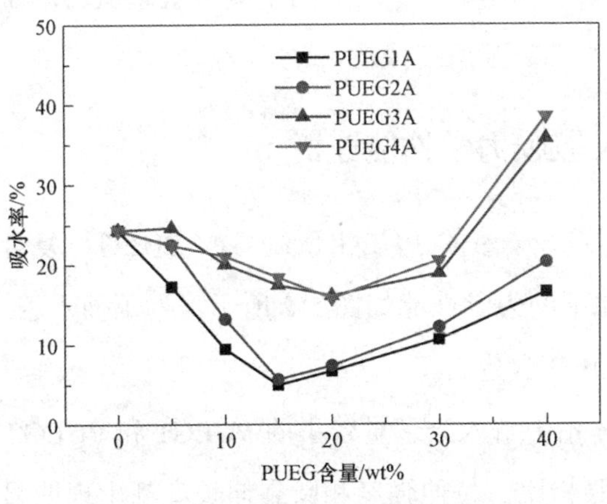

图 5-1　不同 PUEG 含量的胶膜吸水率

结合图 5-1 和图 3-1 可以发现，当端烯基聚氨酯中间体含量在一定范围时，PUEGA 胶膜的吸水率与 PA 胶膜和 WPUUA 胶膜相比有所降低，说明此时其胶膜的耐水性较优。但是当 PUEG 含量过大时，胶膜吸水率同样会比较大。这是因为一方面，端烯基聚氨酯中间体中没有高吸水性的—COO^-；另一方面，当 PUEG 在合适的含量范围内与丙烯酸酯单体聚合后，聚合物大分子可能出现亲水链段和疏水链段交替相连的形式，表现为亲水亲油链段镶嵌，具有形成胶束的倾向，疏水链段会出现向一起靠拢的趋势，在这个过程中亲水链段也可能在疏水链段的牵引作用下靠近，因而与水直接接触的立体空间减小，这样亲水性就相对降低；另外，胶束中的亲水链段与周围的聚丙烯酸酯的羰基可能会存在一定的氢键作用，形成致密的分子链排列，覆盖了亲水的醚键，因而复合乳液胶膜的整体亲水性在一定 PUEG 含量范围内表现为降低。此外，聚合物分子中端烯基聚氧乙烯醚作为一种软链段，其结构规整结晶性较好，阻止了水分子的渗入，同样会降低胶膜吸水率。但是，当 PUEG 含量过大时，吸水率同样会升高，这是因为端烯基聚氧乙烯醚自身具有较好的亲水性，含量过高时吸水率自然升高。

同时由图 5-1 可以发现，PUEG1A 胶膜和 PUEG2A 胶膜的吸水率小于 PUEG3A 胶膜和 PUEG4A 胶膜的吸水率，即 PUEG 分子量越小，所制备得到的复合乳液胶膜吸水率越小。这是由于端烯基聚氧乙烯醚中的环氧乙烷链段越多其自身吸水性越强所造成的。

5.3.3 PUEGA 胶膜力学性能分析

利用 4 种不同分子量的 PUEG 所制备的 PUEGA 复合乳液胶膜在不同 PUEG/AC 质量比下的力学性能如图 5-2 所示，为了便于表述，将 PUEG/AC 质量比简称为 PUEG 含量。

由图可知，体系中引入分子量较小的 PUEG1 和 PUEG2 后所得复合乳液胶膜，与 PA 胶膜相比，拉伸强度和断裂伸长率都出现明显下降。引入分子量较大的 PUEG3 和 PUEG4 后所得复合乳液胶膜断裂伸长率增大，但拉伸强度降低，只有在合适含量时才略微提高。当 PUEG3 和 PUEG4 含量是 30 wt%时，其胶膜断裂伸长率分别是 538%和 596%，在较高的断裂伸长率情况下，胶膜仍然保持着较好的成膜性能。当 PUEG3 和 PUEG4 含量是 20 wt%时，PUEG3A 和 PUEG4A 胶膜拉伸强度分别是 7.92 MPa 和 8.12 MPa，相比 PA 胶膜的 6.38 MPa 有所提高，但含量过高或过低都会使得拉伸强度降低。这说明聚氧乙烯醚链段长度适当时，胶膜的综合性能才会提高。这可能是由于 PUEG 中软段聚氧乙烯醚分子链较长柔性较大，在其含量较少的情况下结晶度较小，对胶膜拉伸强度的提高无太多贡献，当含量比较适中时，其分子链的结晶度较高，成为决定胶膜强度的主要因素；但当含量过大时，又因其分子自身的柔韧性起主导作用而导致胶膜拉伸强度降低。按常规理论分析，PUEG1 和 PUEG2 分子量较小，而 PUEG3 和 PUEG4 分子量较大，当复合乳液中其各自含量相同时，PUEG1A 和 PUEG2A 胶膜聚合物分子中硬链段含量更高，理论上讲胶膜拉伸强度应该更大，但实验结果却恰恰相反。这可能是由于大分子中软段的结晶程度，物理交联以及胶团之间的氢键等综合作用对胶膜拉伸强度的提高均有贡献所造成的。当 PUEG 分子量较大时，一方面，聚氧乙烯醚链段自身易于结晶，另一方面，体系中硬段含量减少，有利于结晶的规整化排列，结晶致密度提高。这一现象可以通过 DMA 和 AFM 分析进一步研究。

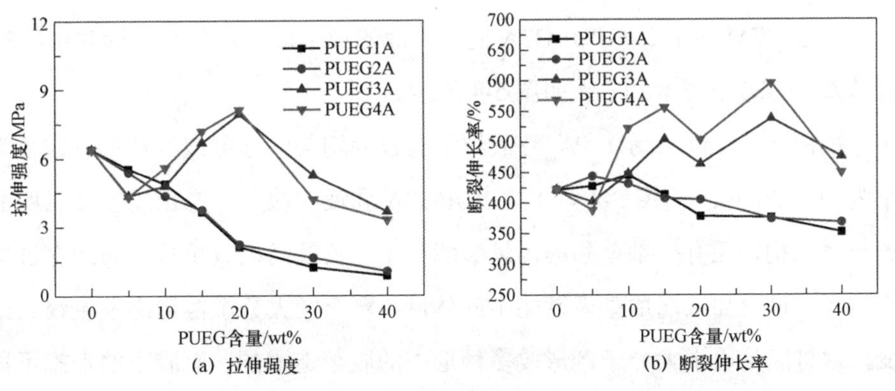

图 5-2　不同 PUEG 含量的胶膜力学性能

5.3.4 PUEGA 胶膜扫描电镜分析

对 PUEG3A 胶膜在不同放大倍数下进行扫描电镜分析，如图 5-3 所示。

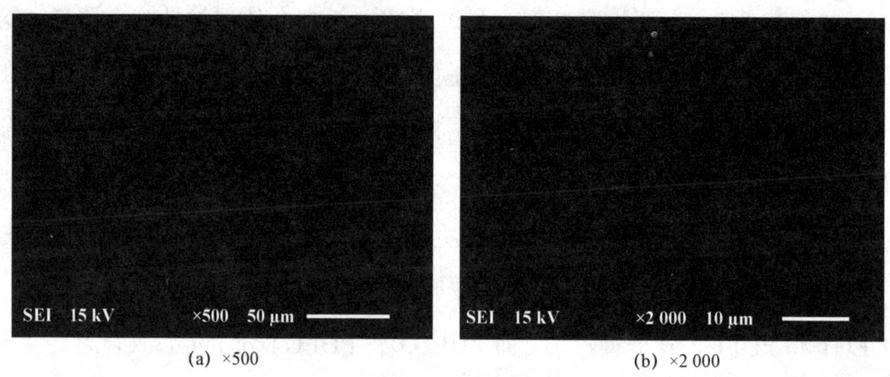

(a) ×500　(b) ×2 000

图 5-3　PUEG3A 胶膜 SEM 图

由图 5-3 可以看出，复合乳液 PUEG3A 胶膜致密的表面结构，没有任何由于凝胶颗粒而造成的表面凹凸。但是从 SEM 图像中并不能深刻得到胶膜分子链的形态及微相结构，因此后面将通过 TEM 和 AFM 对胶膜进一步分析。

5.3.5 PUEGA 复合乳液透射电镜分析

通过 TEM 对 PA 和 PUEG3A 复合乳液的粒子形态及分布进行观察，PA 乳液及 PUEG3A 乳液 TEM 如图 5-4 所示。

如图 5-4（a）所示，PA 乳液粒子呈较为均匀的球形或椭球形，粒径大小为 70～80 nm。而图 5-4（b）中 PUEG3A 乳液的粒子形态出现了非常明显的长链结构，还有少量单独的丙烯酸酯粒子，长链结构或单独分布或穿过球形粒子，说明加入端烯基聚氨酯中间体后，聚合物大分子链形态发生很大改变，这可能是由于大分子链形成多种形态的胶束造成的，而胶束的形态不再是规则的球形。

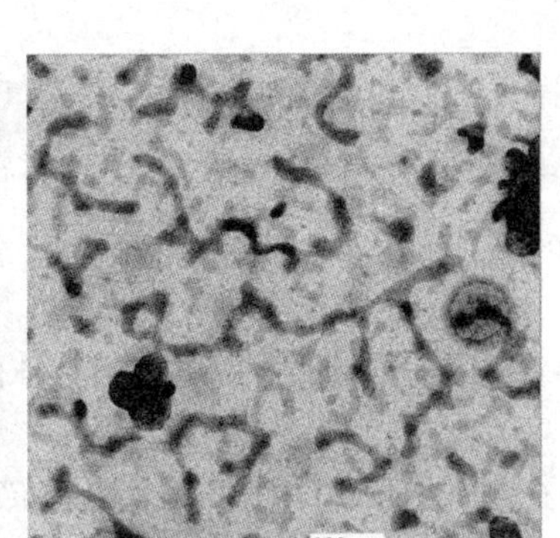

(a) PA乳液　　(b) PUEG3A乳液

图 5-4　PA 乳液及 PUEG3A 乳液 TEM 图

5.3.6　PUEGA 胶膜红外光谱（FT-IR）分析

对端烯基聚氨酯中间体 PUEG3 及 PUEG3A 复合乳液胶膜进行 FT-IR 分析，如图 5-5 所示。

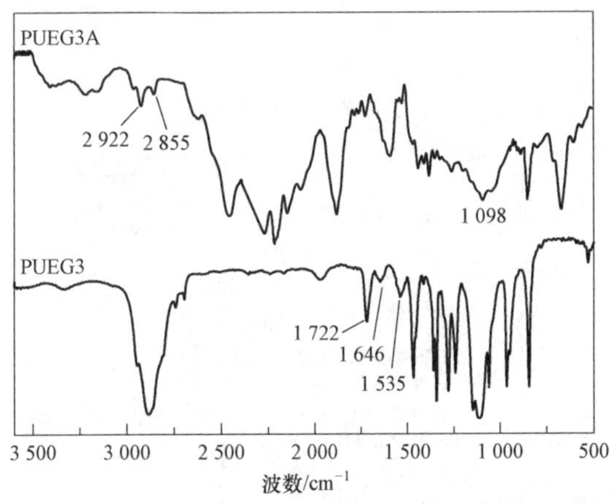

图 5-5　PUEG3 和 PUEG3A 胶膜红外光谱图

由图 5-5 可知，PUEG3 中在 1 646 cm^{-1} 处存在 C＝C 特征峰，在 1 535 cm^{-1} 和 1 722 cm^{-1} 处存在-NH 变形振动峰和氨基甲酸酯 C＝O 特征峰，证明氨基甲酸酯基的生成，2 270 cm^{-1} 附近没有—NCO 特征峰出现，表明 IPDI 反应完全。在 PUEG3A 胶膜中 2 922 cm^{-1} 和 2 855 cm^{-1} 处分别是—CH_3 和—CH_2—

的伸缩振动吸收峰。在 1 646 cm^{-1} 处 C=C 特征峰消失，在 1 098 cm^{-1} 处是 PUEG3 中 HPEG 醚键 C—O—C 的特征吸收峰，表明 PUEG3 成功参与了丙烯酸酯的聚合反应。

5.3.7 PUEGA 胶膜热重（TG-DTG）分析

为了进一步研究 PUEGA 复合乳液胶膜的热性能，利用 TG 和 DTG 对样品的热分解行为进行研究，结果如图 5-6 所示。与此同时，胶膜初始分解温度（T_5），失重 10%所对应的温度（T_{50}），失重 90%所对应的温度（T_{90}）以及最大失重率所对应的温度（T_{max}）等相关的热参数列于表 5-6 中。

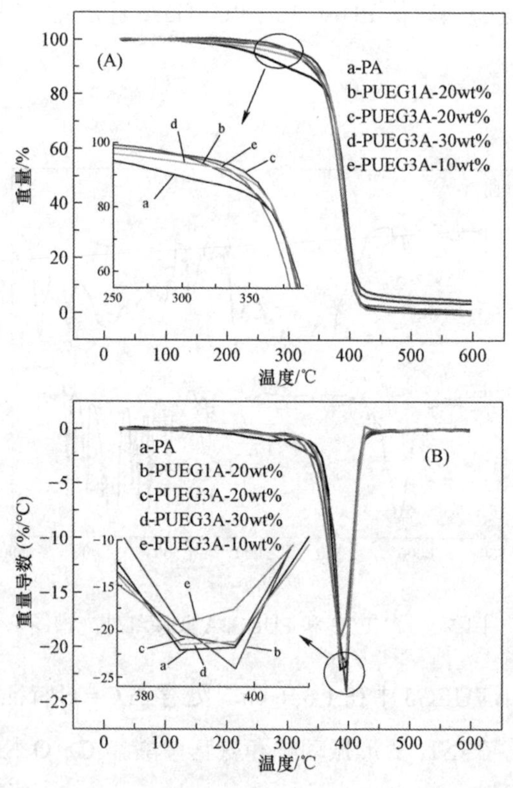

图 5-6　PA 胶膜及 PUEGA 胶膜 TG 和 DTG 曲线

表 5-6　PA 及 PUEGA 胶膜热性能数据

样品名称	T_g/℃			DTG 峰值温度/℃
	T_5	T_{50}	T_{90}	
PA	242.6	386.2	406.0	386.3
PUEG1A-20wt%	306.3	389.6	416.2	396.5
PUEG3A-20wt%	316.8	387.4	411.7	396.7
PUEG3A-30wt%	280.1	387.5	406.8	386.6
PUEG3A-10wt%	312.5	382.6	405.9	385.9

综合图表信息可知，PUEGA 胶膜与 PA 胶膜相比，T_{50}、T_{90} 和 T_{max} 变化不是很明显，但 T_5 有了显著提升。PA 胶膜的 T_5 = 242.6 ℃，PUEG1A-20 wt%，PUEG3A-10 wt%，PUEG3A-20 wt%，PUEG3A-30 wt%胶膜的 T_5 分别是 306.3 ℃、312.5 ℃、316.8 ℃和 280.1 ℃，表明热分解延期，热稳定性提高。在 PUEG 含量相同的情况下，对比发现 PUEG3A 胶膜热性能优于 PUEG1A 胶膜，即 PUEG 分子量增大耐热性能变好。这可能是因为 PUEG1 分子量较小，含量相同时 PUEG1A 体系中氨基甲酸酯基含量相对较多，链段的柔顺性较差，与聚丙烯酸酯链段间的结合变差，而且软链段 APEG-600 由于分子量较小自身结晶性较差，从而导致耐热性能低于软段较长的 PUEG4A 胶膜。

5.3.8　PUEGA 胶膜差示扫描量热（DSC）分析

通过图 5-7 胶膜 DSC 曲线可以看出，PA 胶膜在 T_g = 7.2 ℃处出现一个玻璃化转变温度，归属于丙烯酸酯共聚物的玻璃化转变温度。PUEG3A 胶膜在 T_g = 1.7 ℃出现玻璃化转变温度，相比于 PA 胶膜有明显的降低，意味着复合乳液成膜性能更好。在 48.8 ℃出现一个很大的吸热峰，这属于 PUEG3A 胶膜中软段异戊烯醇聚氧乙烯醚（TPEG-2600）的结晶熔融峰，意味着体系中软段有较高的结晶度。

5.3.9　PUEGA 胶膜动态机械性能（DMA）分析

通过储能模量（E'）、耗能模量（E''）和损耗因子（$\tan\delta$）随温度变化的轨迹可以深刻理解 PUEGA 胶膜的降解行为和微观结构，如图 5-8 所示，测试样品组成及厚度见表 5-7。

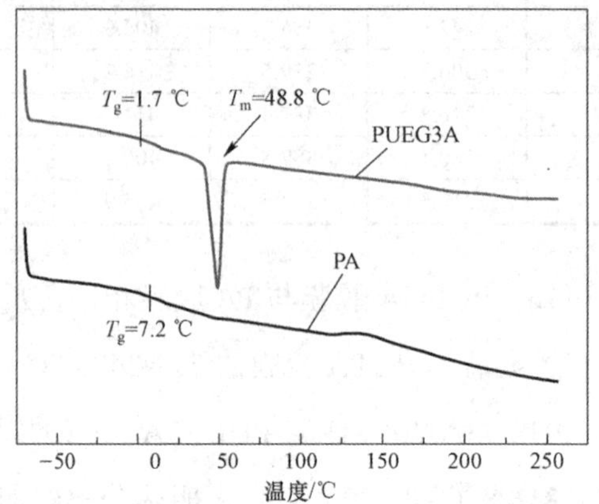

图 5-7　PA 胶膜及 PUEG3A 胶膜 DSC 曲线

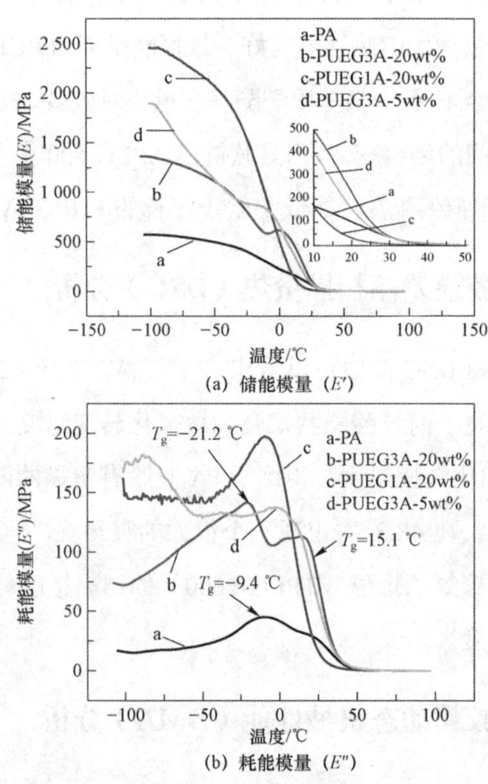

图 5-8　PA 胶膜及 PUEGA 胶膜 DMA 曲线

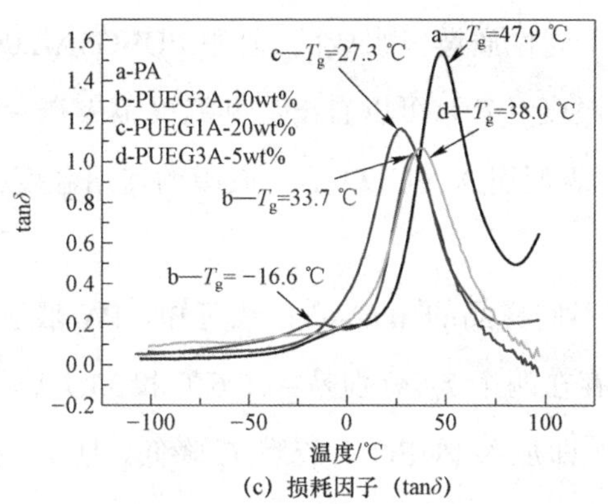

(c) 损耗因子（tanδ）

图 5-8　PA 胶膜及 PUEGA 胶膜 DMA 曲线（续）

表 5-7　测试样品组成及厚度

样品名称	PUEG 种类及含量	样品厚度/mm
PA	0	0.60
PUEG1A-20wt%	PUEG1-20wt%	0.55
PUEG3A-5wt%	PUEG3-5wt%	0.57
PUEG3A-20wt%	PUEG3-20wt%	0.62

如图 5-8（a）所示，PUEG3A-20wt%胶膜的储能模量（E'）与 PA 胶膜相比提高，证明 PUEG3A-20wt%胶膜的刚性和硬度增大，这与力学性能结论是一致的。

在低温区域，复合乳液胶膜的储能模量（E'）均高于 PA 胶膜的 E'，且 PUEG1A-20wt%胶膜的 E'最大，这是由于 PUEG1 分子链中硬链段含量最多，低温时硬段结晶作用较强，导致胶膜刚性较大；但在常温区域，PUEG1A-20wt%胶膜的储能模量（E'）小于 PA 胶膜，这说明常温区域内两种大分子链间的结合力变弱。与此同时，可以看到在 PUEG3A-20wt%和 PUEG3A-5wt%胶膜的 E'-T 曲线中出现两个"台阶"，这意味着聚合物大分子中存在两种不同性质的分子链。

损耗模量（E''）和损耗因子（tanδ）随温度变化曲线的峰值都可以作为玻璃态-橡胶态转变过程的标志，从而代表玻璃化转变温度（T_g）。图 5-8（b）显示了不同样品的 E''-T 曲线，PUEGA 胶膜的 E''-T 曲线显示了多重转变峰，意味着聚合物是由不同性质链段组成的。且由 PUEG3A-20wt%胶膜曲线出现的多个玻璃化转变温度（T_g）可以看出，其温度范围在－21.2～15.1 ℃，与 PA 胶膜相比更宽，表明引入 PUEG 后，胶膜的使用温度范围更宽，适应环境变化的能力更强。

由图 5-8（c）不同样品的 tanδ-T 曲线可知，PA 胶膜的 T_g＝47.9 ℃，PUEG3A-20%胶膜存在两个 T_g，分别是－16.6 ℃和 33.7 ℃，而 PUEG3A-5wt%胶膜的 T_g＝38.0 ℃，即加入 PUEG 后胶膜 T_g 降低，且 T_g 随着 PUEG 含量的增加而降低，这是由于增加 PUEG 含量相当于增大了体系中软链段含量而造成的。一般来说，胶膜的 T_g 适宜在室温范围内，这样成膜之后才能形成连续、丰满度较高的胶膜，如果 T_g 过高的话，成膜会出现裂缝，不利于实际使用。PUEGA 胶膜的 T_g 低于 PA 胶膜的 T_g，使得其成膜性能得到改善。

5.3.10 PUEGA 胶膜原子力显微镜（AFM）分析

PA 胶膜和 PUEGA 胶膜的 AFM 3D-高度图和 3D-相图如图 5-9 所示，其相应的粗糙度参数列于表 5-8 中。

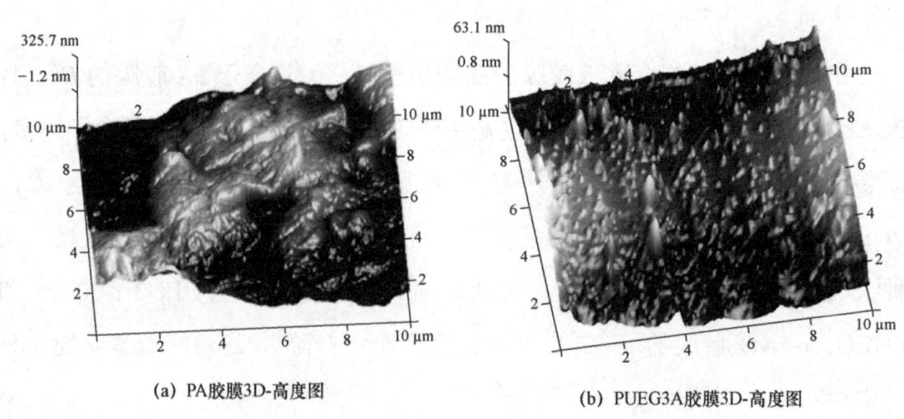

(a) PA胶膜3D-高度图

(b) PUEG3A胶膜3D-高度图

图 5-9 PA 胶膜和 PUEGA 胶膜的 AFM 图

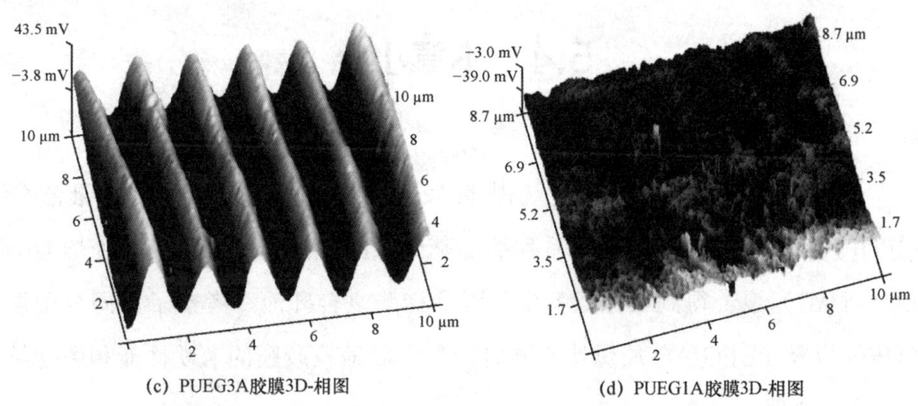

(c) PUEG3A胶膜3D-相图　　(d) PUEG1A胶膜3D-相图

图 5-9　PA 胶膜和 PUEGA 胶膜的 AFM 图（续）

表 5-8　不同胶膜的表面粗糙度参数

胶膜	R_a/mm	R_q/mm
PA	47.5	36.4
PUEG3A	6.09	4.07

由图 5-9（a）PA 胶膜的 3D-高度图可以看出，PA 胶膜表面高低起伏较大，其表面粗糙度参数 R_a 和 R_q 分别是 47.5 nm 和 36.4 nm。由图 5-9（b）PUEG3A 胶膜的 3D-高度图可以看出加入端烯基聚氨酯中间体 PUEG3 后，胶膜表面平整度提高，其表面粗糙度参数 R_a 和 R_q 明显降低到 6.09 mm 和 4.07 mm，与胶膜的宏观形貌以及 SEM 结果相符合。图 5-9（c）和（d）分别是 PUEG3A 和 PUEG1A 胶膜的 3D-相图，我们可以看到，PUEG3A 胶膜出现了非常规整的明暗相间的“波浪状”条带，意味着聚合物体系分子链的排列堆积是非常有序且规整的，PUEG3A 胶膜这一微观结构用结晶聚合物的折叠链模型能很好的解释。而 PUEG1A 胶膜虽然也存在一定明暗相间的区域，但明暗区域分布混乱，规整性和有序性明显比较低，这说明 PUEG1A 胶膜聚合物大分子中软段的结晶性与 PUEG3A 胶膜相比有所的降低。

5.4 本章小结

本章以不同分子量的端烯基聚氧乙烯醚和异佛尔酮二异氰酸酯（IPDI）为原料，制备得到一系列端烯基聚氨酯中间体。利用其与丙烯酸酯单体（AC）聚合得到柔性聚氨酯－丙烯酸酯复合乳液。考察了不同分子量PUEG以及PUEG/AC质量比不同时，复合乳液及胶膜的宏观性能和微观结构，结果如下。

① 体系中引入分子量较小的PUEG1和PUEG2后所得胶膜，与PA胶膜相比拉伸强度和断裂伸长率都降低比较明显，而引入分子量较大的PUEG3和PUEG4后所得胶膜断裂伸长率增大，但拉伸强度只有在合适含量时才有所提高。这说明聚氧乙烯醚链段长度适中时，胶膜的综合性能才会提高。

② SEM图像显示出PUEGA胶膜致密的表面结构。TEM图像显示，PUEGA乳液的粒子形态出现了非常明显的长链结构。AFM图像显示，PUEGA胶膜表面粗糙度降低，PUEG3A胶膜与PUEG1A胶膜相比，聚合物分子链的排列更加规整有序。

③ TG-DTG分析表明，PUEGA胶膜与PA胶膜相比，初始分解温度（T_5）有了提升。在PUEG相同含量下，对比发现PUEG4A胶膜热性能优于PUEG1A，即PUEG分子量增大耐热性能变好。

④ DSC测试结果中，PUEG3A胶膜在48.88 ℃出现一个很大的吸热峰，这属于端烯基聚氨酯中间体中软段异戊烯醇聚氧乙烯醚（TPEG-2600）的结晶熔融峰，意味着体系中软段相有较高的结晶度。

⑤ DMA测试中，储能模量（E'）表明，随着PUEG分子量的增大，PUEGA胶膜刚性和硬度增大；耗能模量（E''）所示的玻璃化转变温度（T_g）范围更宽，表明胶膜的使用温度范围更广，适应环境变化的能力更强。

第 6 章　维生素 A 醋酸酯对以 PCL 为软链段聚氨酯耐候性能的影响

在自然环境中，聚合物极易吸收紫外线，在紫外线的作用下分子结构内发生光氧化反应，从而导致化学键断裂，最终导致聚合物发生降解，聚合物物理性能等衰退，材料的使用寿命受到影响。因此，人们一直致力于研究对聚合物光氧化反应有抑制作用的添加剂。共轭多烯基有机化合物的特殊结构能否对聚合物的抗光氧化起到保护作用，以及生物来源的环境友好特性值得我们探索研究。基于此，首先选取共轭多烯基化合物维生素 A 醋酸酯和 β－胡萝卜素，对比新型的光稳定剂 UV-418 对紫外的吸收效果。

6.1　共轭多烯基化合物的结构特征

6.1.1　维生素 A 醋酸酯

维生素 A 醋酸酯（RA）结构中含有 5 个共轭双键，分子中的共轭双键具有良好的耐光性及清除自由基能力，吸收光线后能够发生光环合反应或聚成二聚体，热会引发维生素 A 醋酸酯环合生成二聚体。其分子结构如图 6-1 所示。

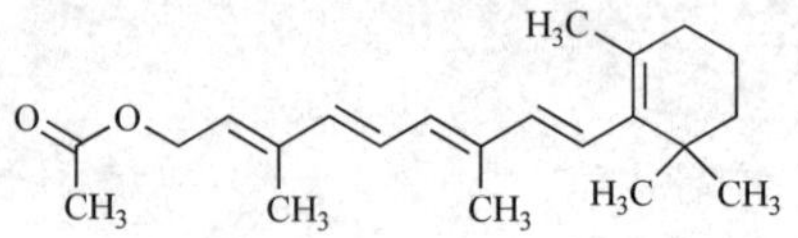

图 6-1 维生素 A 醋酸酯的分子结构示意图

6.1.2 β–胡萝卜素

β–胡萝卜素分子结构由两端为 β–紫萝酮环和 4 个异戊二烯双键首尾相连组成，得到含有 11 个 π 电子共轭双键的化合物，在某些条件下，在链段中心断裂产生以羟基为端基的维生素 A 分子。因其具有光吸收的性质，使其显黄色。β–胡萝卜素异构体种类繁多，主要形式有全反式、9-顺式、13-顺式及 15-顺式 4 种，不同异构体吸收光波的特性略有差异，其分子结构如图 6-2 所示。

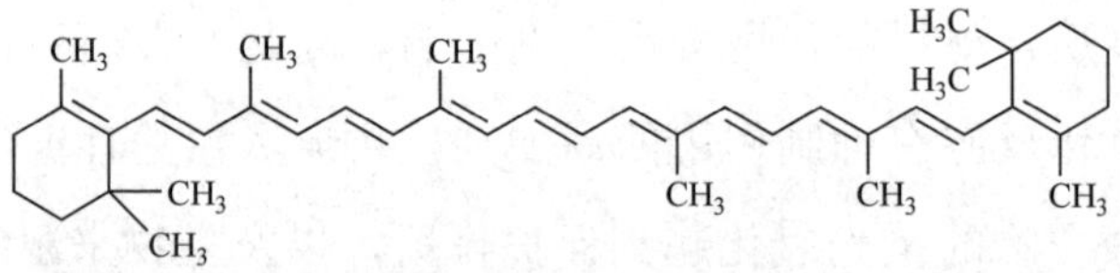

图 6-2 β–胡萝卜素的分子结构示意图

6.2 光稳定剂 UV-418

UV-418 是一种新型紫外线吸收剂，对紫外线有较好的吸收效果，同其他传统的紫外线吸收剂相比，分子量大、不易挥发、耐抽出、易加工，外观为白色，对可见光几乎不吸收。

6.2.1 三种物质的紫外可见吸收光谱

从图 6-3 中可以看出，维生素 A 醋酸酯吸收波段主要在 200～310 nm，UV-418 对紫外光的吸收波段主要集中在 200～380 nm，β–胡萝卜素对 200～510 nm 整个波段都有较强吸收，通过局部放大图可知，维生素 A 醋酸酯在

220～230 nm 和 260～280 nm 存在两个明显的吸收峰，UV-418 在 260～280 nm 存在一个明显的吸收峰，β－胡萝卜素在 260～280 nm 和 500 nm 附近处存在明显的吸收峰，鉴于维生素 A 醋酸酯和 β－胡萝卜素与 UV-418 存在吸收峰的差异，有必要研究维生素 A 醋酸酯和 β－胡萝卜素作为紫外改性剂，以较好成型的聚氨酯为研究模型，探索性地研究共轭多烯基有机化合物对聚氨酯材料耐老化的改性效果。

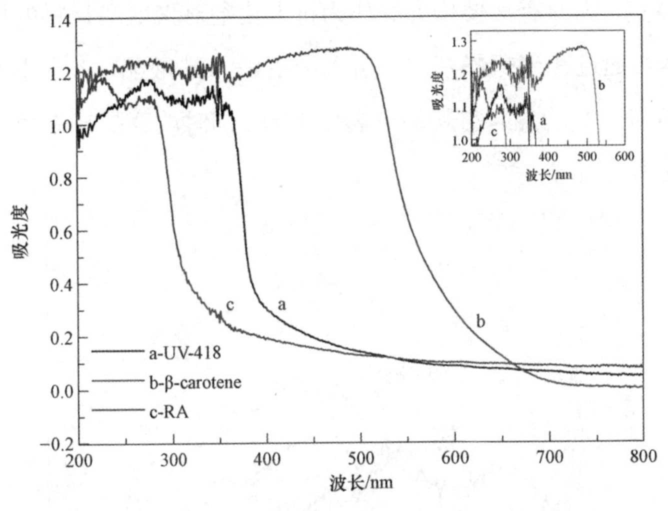

图 6-3　三种物质的紫外可见吸收光谱

6.2.2　聚氨酯/UV-418 复合材料紫外可见光谱分析

图 6-4 为有机紫外吸收剂 UV-418 在添加量为 1%的聚氨酯复合材料经不同老化时间的紫外吸收光谱图。从图中可以看出，复合材料在 200～400 nm 范围内对紫外线都有吸收效果，在 260 nm、380 nm 附近有明显的包峰，经过紫外线老化后的复合材料吸收强度增大，在 260 nm 附近的吸收峰峰型变为尖峰，说明聚氨酯材料在老化过程中不断有—C＝O 生成，在 400 nm 附近的吸收峰变宽且发生红移，说明有助色基团生成。

通过紫外可见光谱可知，三种物质的紫外吸收峰位置不同，因此有必要探究维生素 A 醋酸酯和 β－胡萝卜素作为紫外吸收剂，加入到聚氨酯材料中制备聚氨酯复合材料，考察复合材料的耐老化性能变化。从结构特征考虑，共轭多烯基化合物在抗紫外老化上，双键可以打开产生自由基和聚氨酯基体进行交联反应而保护聚氨酯基体材料，但 UV-418 这类添加剂只能单单用于吸收紫外线，难以起到交联等保护作用。

由上述维生素 A 醋酸酯及β－胡萝卜素两种具有共轭结构的化合物对紫外线吸收图谱可知，对紫外线具有强烈的吸收效果。同时，由于其无毒，环境友好的特点，因此有必要研究其作为抗老化剂对聚氨酯材料的抗老化作用及机理。本节通过在聚氨酯基体中引入维生素 A 醋酸酯，考察不同维生素 A 醋酸酯含量对聚氨酯复合材料的抗老化影响，同时改变扩链系数考察聚氨酯弹性体的多种性能变化。

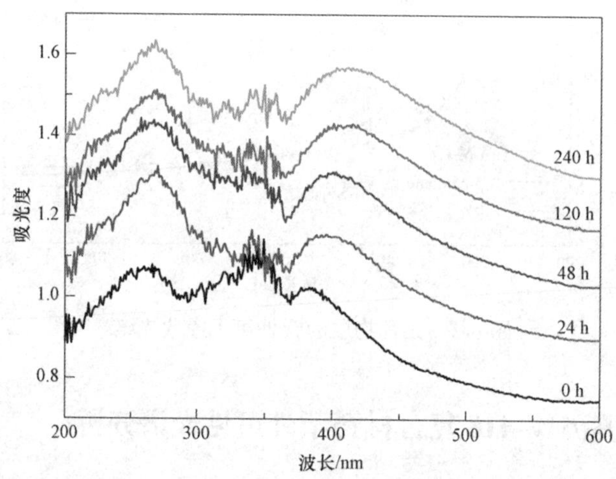

图 6-4　聚氨酯/UV-418 复合材料紫外可见光谱图

6.3　聚氨酯复合材料的制备方法

分别以 PCL 为软链段，异氰酸酯选用 TDI，扩链剂选用 E-300，维生素 A 醋酸酯作为添加剂，采用预聚法工艺制备聚氨酯/维生素 A 醋酸酯复合材料。具体方法如下。

① 将软链段大分子物质加热溶解后加入到带有搅拌器、温度计的三口烧瓶中，开启真空泵和搅拌器，在真空度为 0.09 MPa、温度为 120 ℃左右的条件下脱水 2 h。

② 将上述脱水的大分子物质冷却至室温后计量称取，并将称取的大分子物质体系升温到 80 ℃，加入计量的维生素 A 醋酸酯，在搅拌器作用下充分混合 30 min，将共混物在真空度为 0.09 MPa、温度为 120 ℃左右的条件下脱水 1 h。

③ 将脱水后的混合物自然冷却到 40 ℃，依据预设的异氰酸酯基含量，加入计量的 TDI。

④ 加入计量的 TDI 后让两者自然反应 0.5 h，待体系温度稳定后缓慢升温至 80 ℃，在此状态下保温反应 2 h。

⑤ 反应完全后，用真空设备对体系进行脱泡处理，即制得预聚体。

⑥ 分别称取定量的预聚体和按设定扩链系数的扩链剂，将二者共混并迅速搅拌 30 s 后放入抽真空装置中脱泡处理 1 min，之后将胶料倒入已预热的模具中加压硫化 20 min，脱模后于 100 ℃条件下后硫化 24 h，制作成厚度为 0.8 mm 左右、300mm × 300 mm 的聚氨酯试片，经室温放置 1 周充分熟化后进行裁片，并作相关性能测试。

6.4　结果与讨论

在上述制备方法中，预聚体中设定的异氰酸酯基团含量为 4.8%，分别添加 0.5 wt%、1 wt%、2 wt%、3 wt%的维生素 A 醋酸酯制备聚氨酯/维生素 A 醋酸酯复合材料，同时制备空白试样，将制备的聚氨酯复合材料进行编号：扩链系数为 0.85 的空白样条标记为 PU-0、其余按添加量递增顺序依次标记为 PU-1、PU-2、PU-3、PU-4；扩链系数为 0.9 的空白样条标记为 PU-5，其余按添加量递增顺序依次标记为 PU-6、PU-7、PU-8、PU-9；将标记好的聚氨酯材料按照性能测试要求对材料样片进行剪裁，考察不同添加量对不同扩链系数聚氨酯弹性体的耐老化性能的影响，主要通过色差变化、宏观力学性能、紫外可见吸收光谱、耐溶剂性能、动态力学性能等表征手段来考察弹性体老化性能的变化。

6.4.1 聚氨酯/维生素 A 醋酸酯复合材料色差分析

聚氨酯材料在户外使用时受环境中紫外线、热等因素的影响而发生老化降解及性能劣化问题，对于聚氨酯材料老化降解的过程中分子结构发生改变，其明显特征是生成生色基团和助色基团，导致高分子材料颜色加深。

为了快速了解聚氨酯的颜色变化，采用波长为 310 nm 的紫外线在室温照射一定的时间后对比颜色变化。图 6-5 中样条从上到下的老化时间分别为 0 h、120 h、240 h。

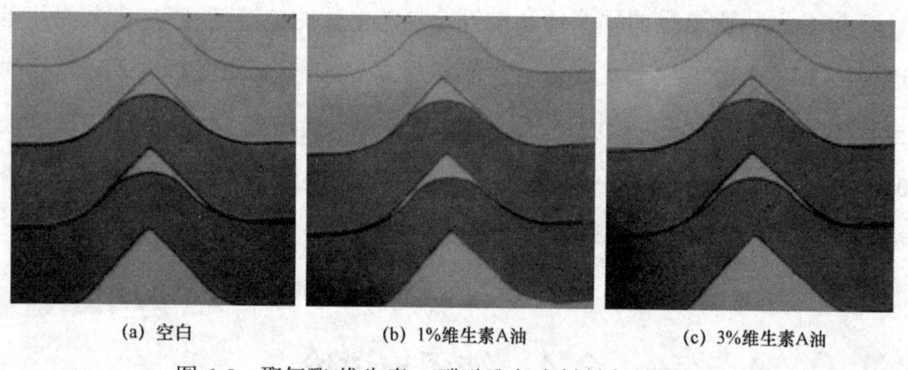

(a) 空白　　(b) 1%维生素A油　　(c) 3%维生素A油

图 6-5　聚氨酯/维生素 A 醋酸酯复合材料色差变化图

图 6-5 为纯聚氨酯和添加量分为 1%和 3%的聚氨酯/维生素 A 醋酸酯复合材料颜色随老化时间变化对比图，由图 6-5（a）可以看出，纯聚氨酯材料随着老化时间的延长样品的色差逐渐加深，在紫外线辐照老化 120 h 后颜色由无色变成暗黄色，老化 240 h 后颜色由暗黄色变成琥珀色。而图 6-5（b）和图 6-5（c）中复合材料的颜色随时间变化为，由无色到亮黄色到琥珀色的变化。并通过两组图的对比可知，在相同老化时间内，复合材料的颜色变化程度小于纯聚氨酯材料。

当聚氨酯暴露在紫外光环境中，氨基甲酸酯基键发生断裂后会生成氨基自由基，两个氨基自由基键联形成中间体后失去氢生成含有发色基团的偶氮化合物，使聚氨酯材料在外观方面表现出不同的颜色变化；与苯环相连的氨基自由基能够失去一个氢自由基产生醌式结构，而醌类化合物也是有色物质，颜色多数为橙色或者橙红色；硬链段中的脲基也会被氧化生成生色基团，导致聚氨酯发生黄变老化。

由复合材料色差随老化时间的变化规律可知，维生素 A 醋酸酯的加入有效抑制了聚氨酯薄膜的黄变过程，即共轭有机化合物对聚氨酯具有抗紫外效果，减缓聚氨酯的老化时间，延长聚氨酯的服役时间。

6.4.2　聚氨酯/维生素 A 醋酸酯复合材料力学分析

研究表明，聚氨酯材料吸收波长在 290～400 nm 紫外线后会发生光老化降解，导致大分子链断裂和交联，使某些力学性能发生变化。下面列出了分别以 0.85 和 0.9 为扩链系数的聚氨酯/维生素 A 醋酸酯复合材料在紫外环境下老化前后的力学性能数据，如图 6-6 所示。

在本实验中，以 120 h 作为老化时间分界点，将 0～120 h 的紫外辐照老化时间规定为老化前期，120～240 h 的紫外辐照老化时间规定为老化后期，分别测试了 0 h、老化 120 h 和 240 h 的力学性能，比较了老化前后力学性能的变化并用变化率作为比较指标。

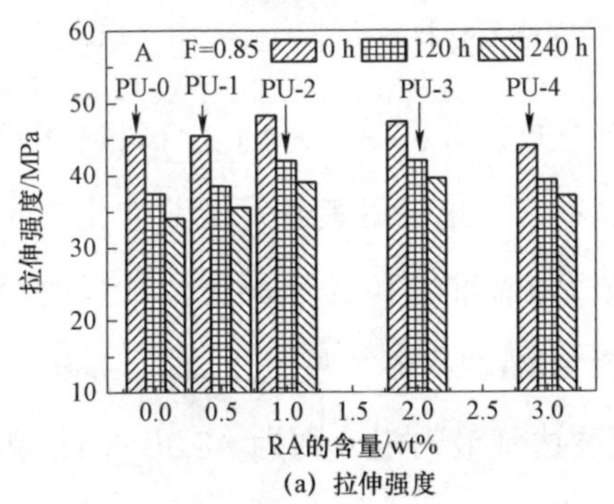

(a) 拉伸强度

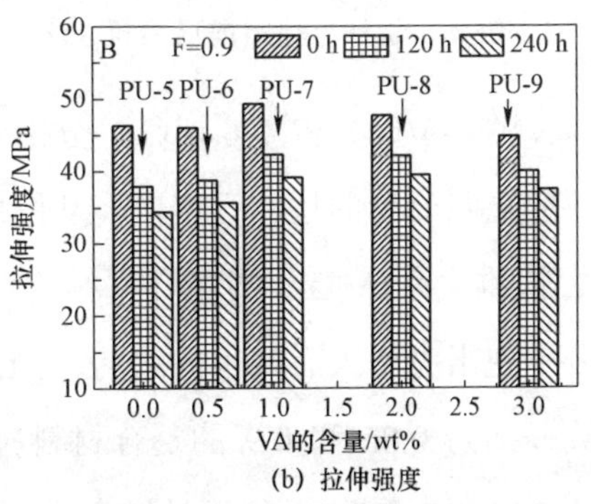

(b) 拉伸强度

图 6-6　紫外光辐照前后聚氨酯/维生素 A 醋酸酯复合材料力学的性能图

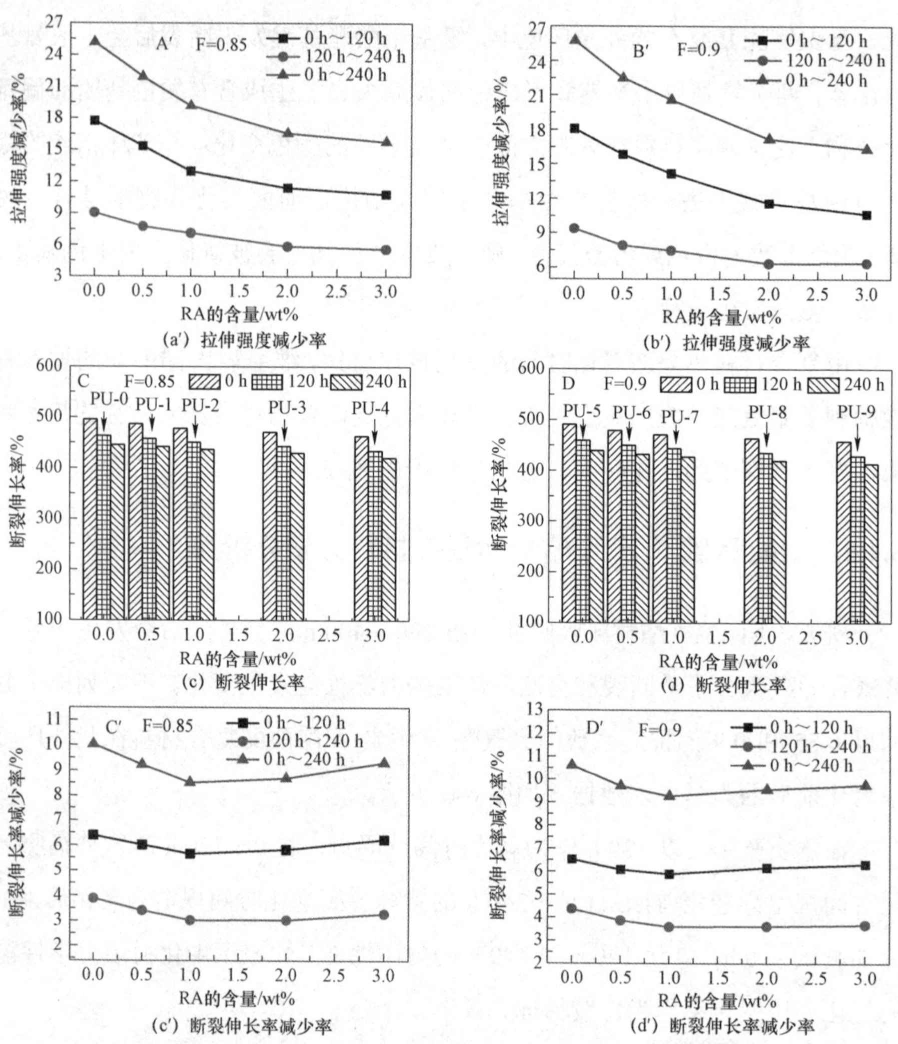

(a′) 拉伸强度减少率

(b′) 拉伸强度减少率

(c) 断裂伸长率

(d) 断裂伸长率

(c′) 断裂伸长率减少率

(d′) 断裂伸长率减少率

图 6-6 紫外光辐照前后聚氨酯/维生素 A 醋酸酯复合材料力学的性能图（续）

图 6-6（a）和图 6-6（b）分别是扩链系数为 0.85 和 0.9 的复合材料在紫外线辐照前后的拉伸强度图，从图中可以看出，未经过紫外线辐照老化的聚氨酯/维生素 A 醋酸酯复合材料的拉伸强度随着维生素 A 醋酸酯添加量的增多呈现出先增大后减小的趋势；当维生素 A 醋酸酯添加量为 1%时，扩链系数分别为 0.85 和 0.9 的复合材料拉伸强度达到最大值分别为 48.30 MPa 和 49.27 MPa，对比于相同扩链系数下的空白样分别增长了 6.27%和 6.41%。在

添加量过多时，复合材料的宏观力学性能略有下降。经过 120 h 和 240 h 的紫外线辐照后，纯 PU 和复合材料的拉伸强度都有不同程度的降低，说明纯聚氨酯和复合材料在紫外灯辐照下都发生了紫外老化反应，但是复合材料的拉伸强度始终大于纯 PU 的拉伸强度。从图中还可得知，当添加量分别为 1%和 2%的复合材料经过一定时间的紫外线照射，复合材料力学仍表现出较好的性能。

综上所述，在添加量为 1%时聚氨酯/维生素 A 醋酸酯复合材料拉伸性能表现最优，但在老化后的材料中，添加量为 1%和 2%的复合材料拉伸强度相似，优于其他。

图 6-6（a'）和图 6-6（b'）分别是扩链系数为 0.85 和 0.9 的复合材料经紫外线辐照老化后拉伸强度减少率图，从图中可以看出，复合材料经过紫外线辐照老化后，拉伸强度出现不同程度降低，且随着维生素 A 醋酸酯添加量的增多拉伸强度减少率递减，在经过 120 h 的紫外线辐照老化后，扩链系数为 0.85 时，拉伸强度减少率在 10.78%～17.72%变化；扩链系数为 0.9 时，拉伸强度减少率在 10.62%～18.06%变化；在经过 240 h 的紫外线辐照老化后，两个扩链系数下材料的拉伸强度减少率都在 15%以上。两种扩链系数下的聚氨酯复合材料在添加量小于 1%时，拉伸强度减少率变化比较大；而添加量在 2%以后，其拉伸强度减少率变化减小，说明聚氨酯基体中共轭化合键越多，其材料吸收紫外线能力越强，材料的拉伸性能衰减程度越小。同时还可以看出，在 120～240 h 的紫外辐照老化后，其拉伸强度的减少率缩小，基本都在 10%以内，即聚氨酯材料的紫外老化在初期较为强烈，后期趋缓。

由此可知，在本实验设定的条件范围内，聚氨酯复合材料经过紫外线老化后，拉伸强度的衰减主要发生在老化初期，后期变化趋缓。

图 6-6（c）和图 6-6（d）分别是扩链系数为 0.85 和 0.9 的复合材料断裂伸长率图，从图中可知，紫外线辐照老化前后，两种扩链系数下的复合材料断裂伸长率变化趋势一致，随着维生素 A 醋酸酯添加量的增加呈现平缓式递减。

图 6-6（c'）和图 6-6（d'）分别是扩链系数为 0.85 和 0.9 的复合材料经紫外线辐照老化后断裂伸长率减少率图，从图中可以看出，两种扩链系数下的材料经过紫外线辐照老化 240 h 后断裂伸长率减少率呈现同样的趋势，添加量在 1%时，复合材料的断裂伸长率减少率最小。这一方面说明聚氨酯复合材料在紫外光条件下处理后也同样发生老化，另一方面说明了维生素 A 醋酸酯的加入有效改善了聚氨酯材料的耐紫外老化性能。

6.4.3 聚氨酯/维生素 A 醋酸酯复合材料紫外可见光谱分析

分子中能吸收紫外光或可见光的结构叫作发色基团。分子中有些原子或基团本身不能吸收波长大于 200 nm 的光波，但它与一定的发色基团相连时，可导致发色基团所产生的吸收峰向长波方向移动，并且吸收强度增加，这样的原子或者基团叫作助色基团。利用紫外可见吸收光谱法可以对物质结构进行定性或定量分析、检验化合物中有色官能团，即生色基团和助色基团及其变化。

下面列出了以 0.85 为扩链系数的聚氨酯及不同维生素 A 醋酸酯含量的复合材料在紫外环境下老化后的及紫外光谱图，并分别以不同老化时间和不同维生素 A 醋酸酯添加量作为变量进行制图分析。

由图 6-7（a）的吸收图谱可以看出，纯聚氨酯材料和复合材料未经过老化时，聚氨酯材料在 200～400 nm 范围内有较强烈的吸收，吸收的频率范围较大，其中在 230 nm 附近、320 nm 附近和 370 nm 附近有三个吸收峰，在 320 nm 峰值最大，而吸收峰几乎表现为平顶或包峰，这可能与聚氨酯结构中的多种基团有关。材料经紫外辐照老化后，材料内部发生链断裂、链交联、分子结构改变及新基团的生成，使得材料在紫外吸收范围内吸收强度相比于未老化时吸收强度增大，在波形上表现为出现明显的包峰，通过包峰出现的位置推断出材料内部基团或结构的变化。

首先，将纯聚氨酯材料和复合材料在紫外线下辐照 48 h 后，在 230 nm 处材料的紫外线吸收强度增大，出现明显的吸收尖峰，这与文献报道的结果一致，聚氨酯薄膜经紫外老化后，在紫外可见吸收光谱中的 200～250 nm 附近出现吸收峰，此处的吸收峰对应的是—C=O n-π*电子跃迁，再将紫外老化时间延长到 120 h 后，230 nm 处的吸收峰增高且吸收峰型变宽，说明在老化降解的过程中不断有—C=O 生成。纯聚氨酯材料未经过老化时，吸收峰位置在 360 nm，老化 120 h 后，吸收峰位置向长波段移动到 400 nm；吸收峰的峰型不断增宽，并逐渐向长波方向移动，说明有助色基团生成。图 6-7（c）中纯聚氨酯在 400 nm 处出现明显的包峰而复合材料未出现明显的包峰，通过是否出现包峰的差异，即助色基团生成时间的差异，说明维生素 A 醋酸酯的加入抑制了助色基团的生成，延缓了聚氨酯材料的老化进程。但老化时间为 240 h 的吸收图谱又表现为一致，说明若老化时间足够长，添加维生素 A 醋酸酯仍会发生变化，但是纯聚氨酯材料的吸收峰强度增大，说明老化过程中继续有助色基团的生成。

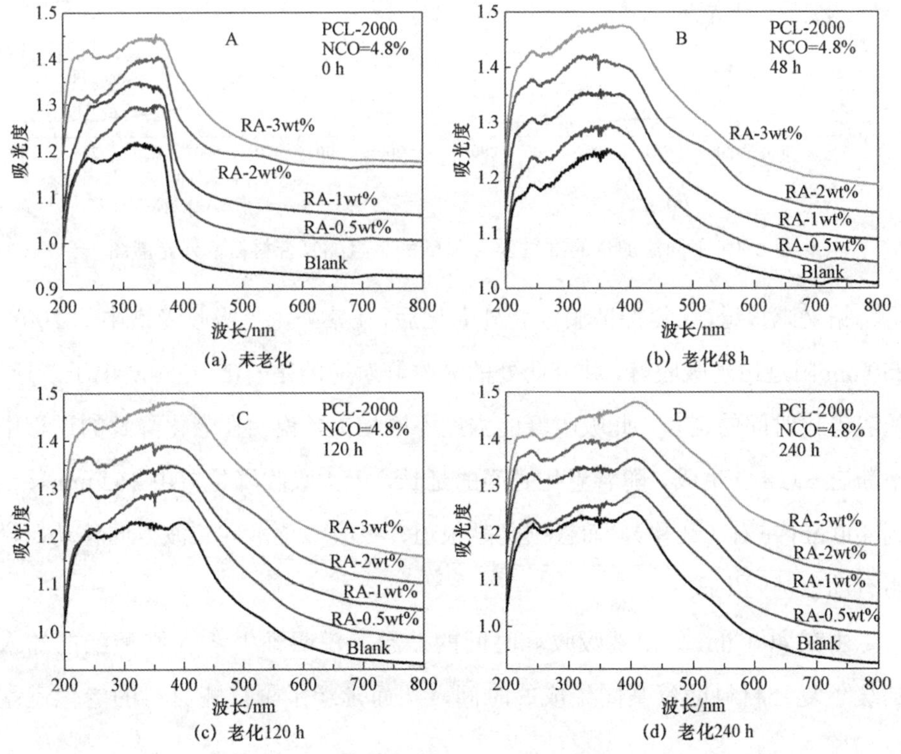

图 6-7　不同老化时间内聚氨酯/维生素 A 醋酸酯复合材料紫外光谱图

图 6-8 为不同添加量的聚氨酯复合材料紫外吸收光谱图，由图 6-8（a）和图 6-8（b）可知，纯 PU 和复合材料经紫外线辐照老化后，材料的紫外可见吸收光谱随着老化时间的延长变化趋势存在差异，从图 6-8（a）中可以看出，随着老化时间的延长，纯聚氨酯材料的紫外吸收曲线主要在 200～450 nm 发生变化：在 225 nm 左右吸收强度增加，峰型变为尖峰，在 225～300 nm 吸收强度增大，在 350～450 nm 区间范围内，紫外吸收强度发生改变。通过分析图 6-8（b）可知，随着老化时间的延长，在 200～225 nm 的区间范围内，吸收峰的峰型由尖峰变为宽峰，在 350～450 nm 紫外吸收曲线变化趋势在缩小。

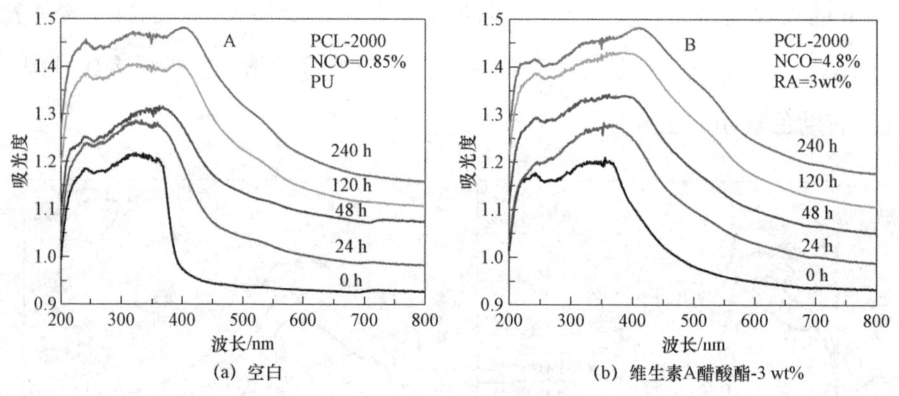

(a) 空白　　(b) 维生素A醋酸酯-3 wt%

图 6-8　不同添加量的维生素 A 醋酸酯聚氨酯复合材料紫外光谱图

据文献报道，聚氨酯薄膜经紫外老化后，在紫外可见吸收光谱中的 200～250 nm 附近出现吸收峰，并且此处的吸收峰对应的是—C=O n-π*电子跃迁，随着老化时间的延长，此吸收峰的强度不断增大，说明在老化降解的过程中不断有—C=O 生成。随着老化时间的延长，最大吸收峰位置由 362 nm 移动到 400 nm 左右（红移），而根据文献报道，吸收峰逐渐向长波方向移动，说明有助色基团生成。

由在 400 nm 处出现吸收峰时间的差异，说明维生素 A 醋酸酯的加入延缓了复合材料助色基团生成的时间，从而延缓了聚氨酯材料的老化进程及程度。

6.4.4　聚氨酯/维生素 A 醋酸酯复合材料的耐溶剂性能

聚氨酯广泛地应用于各个领域和它具有良好的耐溶剂性能密切相关。聚氨酯材料的耐溶剂性能与其微观结构是有着密切的联系，聚氨酯弹性体耐溶剂性能的优劣主要是其链段形态起决定性作用，弹性体链段的线性程度越高则材料的耐溶剂性能越差，而链段间的交联可以提高聚氨酯材料的耐溶剂性能。图 6-9 是聚氨酯/维生素 A 醋酸酯复合材料在室温 25 ℃，测得的耐环己酮溶胀度数据图。

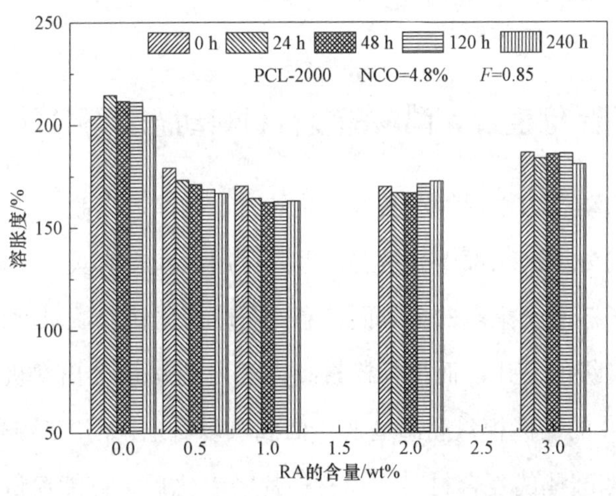

图 6-9　聚氨酯/维生素 A 醋酸酯复合材料的溶胀度

由图 6-9 曲线可知，复合材料的溶胀度相比于纯 PU 有所降低，并且随着维生素 A 醋酸酯添加量的增多呈现出先减小后增大的趋势，这表明材料的耐溶剂性能随着维生素 A 醋酸酯量的增加先变强后减弱，当维生素 A 醋酸酯加入量为 1%到 2%之间溶胀度达最低值，维生素 A 醋酸酯量超过 2%以后耐溶剂性能反而逐渐变差。这说明聚氨酯中适当加入维生素 A 醋酸酯后，会改变分子链间的聚集状态。

经过不同时间的紫外线老化后，纯聚氨酯及复合材料的耐溶剂性能都发生改变，其中纯聚氨酯经过紫外光老化后溶胀度变大，则说明紫外线破坏了聚氨酯材料的结构或者分子内部交联程度，从而表现为聚氨酯耐溶剂性能变差；当在聚氨酯基体中添加 0.5%和 1%的维生素 A 醋酸酯时，其复合材料经过不同时间老化后相比于未老化的复合材料其溶胀率变小；添加量为 1%时，经 24～240 h 的紫外光照射老化耐溶剂溶胀性能几乎不变化，这可能是由于维生素 A 醋酸酯的分子结构中含有多个烯键，试片在经波长为 310 nm 的紫外光照射 24 h 就可能有较多的烯键被打开，使得维生素 A 醋酸酯分子与聚氨酯链间产生更多的交联，因而耐溶剂性能保持相对不变。

当聚氨酯中加入 3%的维生素 A 醋酸酯时，可能对聚氨酯起到增塑作用，影响了硬链段的结晶。但其复合材料的耐溶剂性能依旧优于纯聚氨酯的耐溶剂性能。

6.4.5 聚氨酯/维生素 A 醋酸酯复合材料动态力学性能

聚合物的动态力学行为对其玻璃化转变、结晶、交联、微相分离以及玻璃态和晶态的分子运动都十分敏感，因此可用以获得有关分子结构变化、分子运动及分子链间聚集态的多方面信息。在玻璃化转变的温度范围内储能模量会发生数量级的变化，而损耗模量和力学内耗 tanδ 会出现极大值。

由图 6-10 的储能模量随温度变化曲线可以看出，无论是纯聚氨酯还是添加维生素 A 醋酸酯的复合材料，均有试片经老化后，储能模量变大的趋势，尤其是－30 ℃以上的；这表明试片经老化后，其刚性增大，原因可能有两方面，一方面是硬链段的结晶度增大，另一方面是硬链段与软链段之间的聚集态发生改变，而后者为主要原因。

在老化过程中高分子链、基团或原子能够吸收光能，使分子或原子处于高能状态，分子链发生热运动，首先导致聚合物中的多种相态间的聚集状态发生改变，另外，会导致聚合物中部分分子链发生降解或重新交联；使分子链的聚集状态更加混乱；或分子量下降，硬链段形成新的细微结晶。

用 E'-30/E'-70 的储能模量的比值可以用来表征材料的微相分离，比值越小，微相分离程度越好，弹性体材料的耐热性能越好。由表 6-1 中的数据可知，纯聚氨酯和复合材料经老化后，E'-30/E'-70 的比值均增大，说明软硬链段间的微相分离变差。微相分离变差可能的原因有两种，一方面是分子链从硬链段处断裂形成新的次晶，另一方面是分子链间增多了交联。

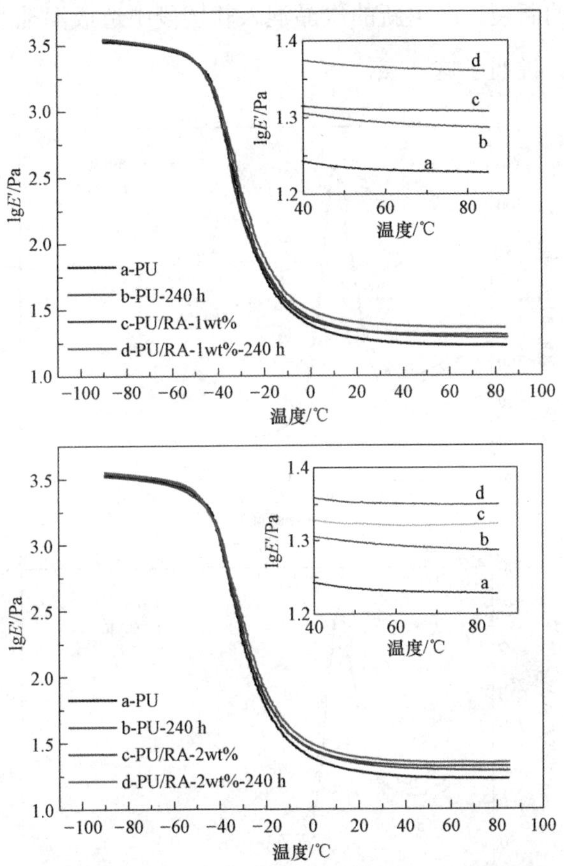

图 6-10　聚氨酯/维生素 A 醋酸酯复合材料的储能模量曲线

表 6-1　聚氨酯/维生素 A 醋酸酯复合材料紫外老化后储能模量比值

RA 含量	0		1 wt%		2 wt%	
老化时间/h	0	240	0	240	0	240
E'-30	185.99	236.89	169.65	249.2	216.34	282.56
E'70	16.01	19.33	20.39	23.05	20.95	22.78
E'-30/E'70	11.62	12.25	8.32	10.81	10.32	12.40

图 6-11 为耗能模量随温度变化曲线，曲线峰值对应的温度是玻璃化转变温度，这一温度取决于聚氨酯软硬链段间的微相分离程度，由峰型可以看出，聚氨酯老化 240 h 后，在玻璃化转变温度附近区域，峰宽增大，说明了软硬链段间的聚集状态发生了一定的改变，软硬链段的混乱程度增大，这可能是由于部分链段的断裂，产生新的次晶混入软链段中造成混乱的增大。结合耐溶剂数据结果，说明了这一点。

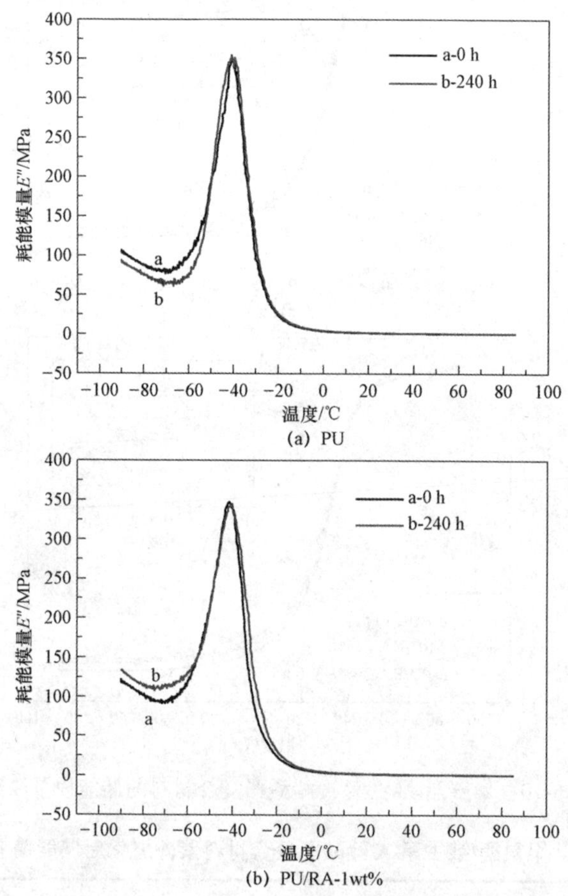

图 6-11　聚氨酯/维生素 A 醋酸酯复合材料的耗能模量曲线

聚氨酯中加入维生素 A 醋酸酯后，经紫外线辐照老化后，耗能模量随温度变化曲线峰宽增大，说明了维生素 A 醋酸酯结构在共轭双键部分被打开后发生了交联，聚氨酯的软硬链段间的混乱度进一步增大。

从图 6-12（tanδ-T 图）中可以看出，峰值降低，峰值所对应的温度略有升高，说明微相分离程度在老化前后略有变化，这是由于软硬链段的混乱程度增大而表现出的结果，综合上述结果可以归结为，老化过程中分子链部分断裂的链段产生新的交联。

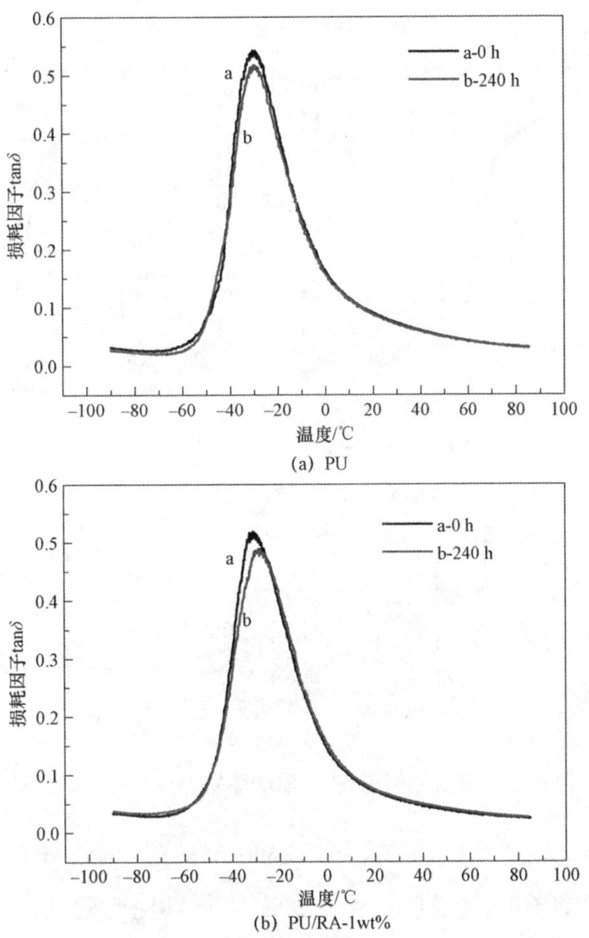

图 6-12　聚氨酯/维生素 A 醋酸酯复合材料的力学内耗曲线

6.4.6　聚氨酯/维生素 A 醋酸酯复合材料耐热性能

图 6-13 为聚氨酯/维生素 A 醋酸酯复合材料的耐热性能曲线。从图 6-13 中可以看到，PU 和添加维生素 A 醋酸酯的聚氨酯复合材料存在 3 个失重过

程，曲线中第一个失重过程为 240 ℃至 360 ℃，该过程的主要反应时氨基甲酸酯的分解；第二个失重过程从 360 ℃开始到 440 ℃结束，这一阶段主要是 PU 中软链段的分解，且分解速率最快，失重率在 60%左右。但三个过程纯聚氨酯和复合材料之间存在差别。

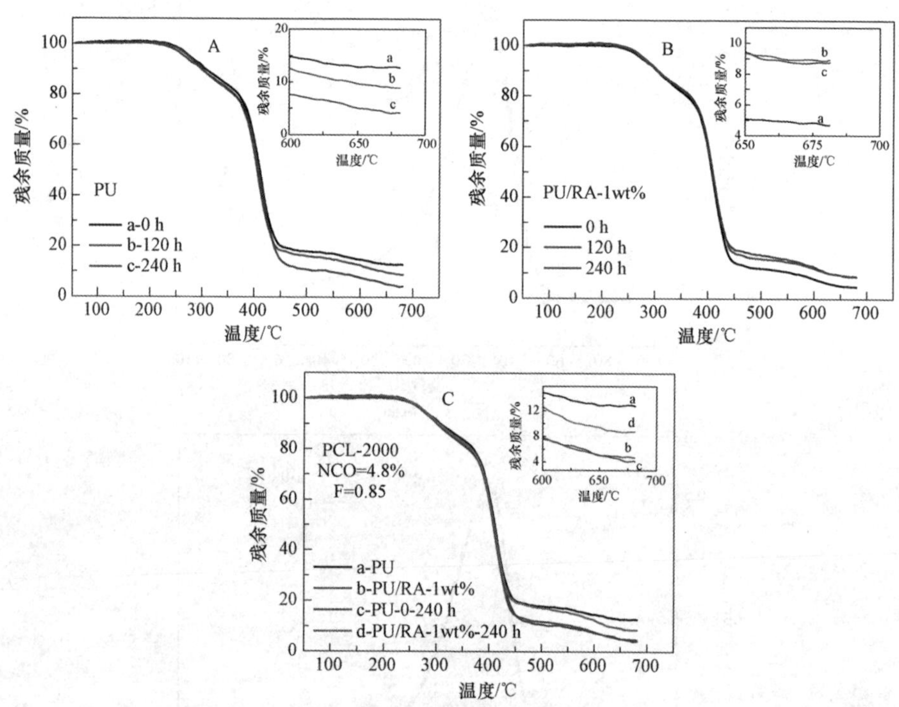

图 6-13　聚氨酯/维生素 A 醋酸酯复合材料的热重分析

从图 6-13（a）可知，在 240 ℃到 360 ℃的第一个失重过程，三条曲线拐点位置几乎重合，这说明了由热重变化难以说明硬链段的细微差别；图 6-13 中（a）、图 6-13（b）和图 6-13（c）的第二个失重阶段重合，说明紫外线辐照对聚氨酯软链段破坏不大。图 6-13 中（a）、图 6-13（b）和图 6-13（c）的第三个失重阶段及全程始终存在显著差异，原因是有可能添加维生素 A 醋酸酯后，聚合物成碳机理发生了某种改变，因而造成失重率的差异，对于这一现象有必要进一步研究探索。

6.5　本章小结

本章主要对比研究了聚氨酯中添加维生素 A 醋酸酯在紫外环境中的老化规律，通过色差、力学性能、紫外可见吸收光谱、耐溶剂性能、动态力学性能和耐热性能的结果分析，得出以下结论。

① 在紫外环境下，各复合材料的色差均随着老化时间的延长而逐渐加深，但在相同老化时间内，添加维生素 A 醋酸酯的聚氨酯复合材料色差变化要小于纯聚氨酯材料的色差。

② 两种扩链系数下，聚氨酯/维生素 A 醋酸酯复合材料与 PU 相比，拉伸强度呈现先增大后减小的趋势，断裂伸长率相比于纯聚氨酯材料有所降低；但经过紫外线老化后，复合材料的拉伸强度和断裂伸长率的变化值小于纯聚氨酯，说明维生素 A 醋酸酯的加入能改善聚氨酯材料的耐紫外性能。

③ 在紫外环境下，聚氨酯材料初期老化在 200～250 nm，出现吸收峰并且峰变宽，400 nm 处发生微量变化，在延长紫外照射后，助色基团的生成使得聚氨酯材料在 400 nm 处出现明显吸收峰。并通过对比纯聚氨酯材料和添加量为 3%的复合材料吸收曲线变化可知，维生素 A 醋酸酯的加入增强了聚氨酯材料的抗紫外老化能力。

④ 聚氨酯/维生素 A 醋酸酯复合材料较纯 PU 的耐溶剂性能有所改善，添加量为 1%时，经 24～240 h 的紫外光照射老化耐溶剂溶胀性能几乎不变化，这可能是由于维生素 A 的分子结构中含有多个烯键，样片在经波长为 310 nm 的紫外光照射 24 h 就可能有较多的烯键被打开，使得维生素 A 分子与聚氨酯链间产生更多的交联，因而耐溶剂性能保持相对不变。

⑤ 通过动态力学性能分析可知，无论是纯聚氨酯还是添维生素 A 醋酸酯的聚氨酯复合材料，试片经老化后，贮能模量变大，尤其是 −30 ℃以上的

贮能模量；耗能模量随温度变化的峰宽增大，微相分离变差；这表明试片在老化过程中分子链或原子吸收了一定的光能，聚氨酯软硬链段的多种相态间的聚集状态发生改变，分子链间的交联度增大；老化过程中部分断裂的链段产生新的交联。

第 7 章　β-胡萝卜素对以 PCL 为软链段聚氨酯耐候性能的影响

根据前一章节中维生素 A 醋酸酯对聚氨酯抗紫外老化的效果，本节中选取共轭基团更多的 β-胡萝卜素作为改性剂，进一步探讨共轭有机化合物对聚氨酯材料抗紫外老化的改善效果。β-胡萝卜素分子结构中的多个双键之间形成共轭体系，使得它具有光采集和光防护功能，因此本章在聚氨酯基体中引入 β-胡萝卜素，考察不同 β-胡萝卜素含量和不同扩链系数对聚氨酯弹性体抗光老化的影响。

7.1　聚氨酯复合材料的制备方法

以 PCL 为软链段，TDI 为硬链段，E-300 为扩链剂，β-胡萝卜素作为添加剂，采用预聚法工艺制备聚氨酯/β-胡萝卜素复合材料。具体方法如下。

① 将软链段大分子物质加热溶解后加入到带有搅拌器、温度计的三口烧瓶中，开启真空泵和搅拌器，在真空度为 0.09 MPa、温度为 120 ℃左右的条件下脱水 2 h。

② 将上述脱水的大分子物质冷却至室温后计量称取，并将称取的大分子物质体系升温到 80 ℃，加入计量的用溶剂溶解的 β-胡萝卜素，在搅拌器的作用下充分混合 30 min 后，将共混物在真空度为 0.09 MPa、温度为 120 ℃

左右的条件下脱溶剂 1 h。

③ 脱水后将体系自然冷却到 40 ℃，依据预设的异氰酸酯基含量，加入计量的 TDI。

④ 加入 TDI 后让两者自然反应 0.5 h，待体系温度稳定后缓慢升温至 80 ℃，在此状态下继续保温反应 2 h。

⑤ 反应完全后，用真空设备对体系进行脱泡处理，即制得预聚体。

⑥ 分别称取定量的预聚体和按设定扩链系数的扩链剂，将二者共混并迅速搅拌 30 s 后放入抽真空装置中脱泡处理 1 min，之后将胶料倒入已预热的模具中加压硫化 20 min，脱模后于 100 ℃条件下后硫化 24 h，制作成厚度为 0.8 mm 左右，300 mm × 300 mm 的聚氨酯的试片，并室温放置 1 周充分熟化后进行裁片，并作相关性能测试。

7.2 结果与讨论

在以上制备方法中，预聚体中设定的异氰酸酯基团含量为 4.8%，加入 TDI 制备预聚体，分别添加 0.5 wt%、1 wt%、2 wt%、3 wt%的 β－胡萝卜素制备聚氨酯/β－胡萝卜素复合材料。同时制备空白试样，将制备的聚氨酯复合材料进行编号：扩链系数为 0.85 的空白样条标记为 PU-0、其余按添加量递增顺序依次标记为 PU-10、PU-11、PU-12、PU-13；扩链系数为 0.9 的空白样条标记为 PU-5，其余按添加量递增顺序依次标记为 PU-14、PU-15、PU-16、PU-17；将标记好的聚氨酯材料按照性能测试要求对材料样片进行剪裁，考察不同添加量对不同扩链系数聚氨酯弹性体的耐老化性能的影响，主要通过色差变化、宏观力学性能、紫外可见吸收光谱、耐溶剂性能、动态力学性能等表征手段来考察弹性体老化性能的变化。

7.2.1　聚氨酯/β－胡萝卜素复合材料色差分析

自然环境下聚氨酯材料主要发生光氧化降解，特别是吸收自然环境中的紫外线，使分子结构内发生光氧化反应并引发高分子链的断裂和交联，进而改变材料的分子结构，使其产生生色基团和助色基团，在材料的表观性能上可以看出，随老化时间的延长材料的颜色逐渐加深。

为了快速了解聚氨酯的颜色变化，采用波长为 310 nm 的紫外线在室温照射一定的时间后对比颜色变化。图中样条从上到下的老化时间分别为 0 h、120 h、240 h。

由图 7-1 可以看出，未老化试样中，随着 β－胡萝卜素含量的增加样条颜色逐渐加深，这是因为胡萝卜素分子结构中具有长的共轭双键生色团，使其具有光吸收的性质，进而显黄色。由图 7-1（a）可知，随着老化时间的延长材料颜色逐渐加深，在老化 120 h 后，纯 PU 颜色变成暗黄色，继续老化到 240 h 后，颜色变成琥珀色。由图 7-1（b）和图 7-1（c）可知，老化过程中色差变化和维生素 A 醋酸酯一样，复合材料颜色由橙黄色变到黄色最后成为琥珀色。

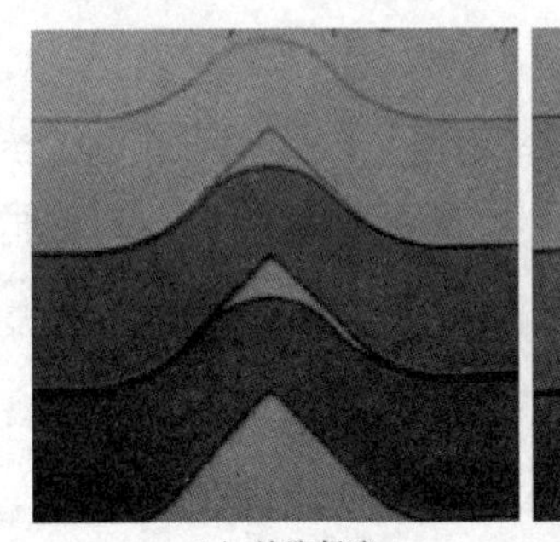
(a) 纯聚氨酯

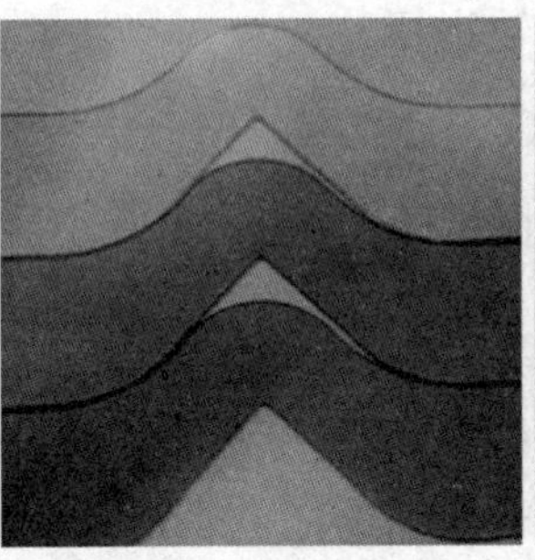
(b) 聚氨酯/β-胡萝卜素-1wt%

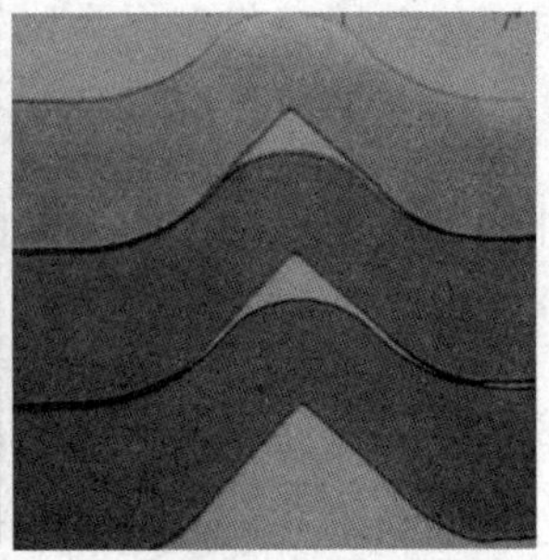
(c) 聚氨酯/β-胡萝卜素-3wt%

图 7-1　聚氨酯/β－胡萝卜素复合材料色差变化

当聚氨酯暴露在紫外光环境中，氨基甲酸酯基键发生断裂后会生成氨基自由基，两个氨基自由基键联形成中间体后失去氢会生成偶氮化合物，偶氮基是一个发色基团，则外观表现出不同的颜色；与苯环相连的氨基自由基能够失去一个氢自由基产生醌式结构，而醌类化合物也是有色物质，颜色多数为橙色或者橙红色；硬链段中的脲基也会被氧化生成生色基团，导致聚氨酯变黄。

由复合材料色差随老化时间的变化规律可知，胡萝卜素的加入有效抑制了聚氨酯薄膜的黄变过程，即共轭有机化合物对聚氨酯具有抗紫外效果，减缓聚氨酯的老化时间，延长聚氨酯的服役时间。

7.2.2 聚氨酯/β–胡萝卜素复合材料力学分析

高聚物材料性能优良，可塑性强，但是环境因素对高聚物材料的老化已经是人们亟待解决的问题，特别是紫外光常导致高分子材料的化学组成和结构发生改变，进而表现在宏观性能的改变。下面列出了分别以 0.85 和 0.9 为扩链系数的聚氨酯/β–胡萝卜素复合材料在紫外环境下老化后的力学性能数据。

在本研究中，以 120 h 作为老化时间分界点，将 0～120 h 的紫外辐照老化时间规定为老化前期，120～240 h 的紫外辐照老化时间规定为老化后期，分别测试了 0 h、老化 120 h 和 240 h 的力学性能，比较了老化前后力学性能的变化并用变化率作为比较指标。

图 7-2（a）和图 7-2（b）分别是扩链系数为 0.85 和 0.9 的复合材料在紫外线辐照前后的拉伸强度图，从图 7-2（a）和图 7-2（b）可以看出，两种扩链系数下，在添加量少于 1%时，未经过紫外线老化的聚氨酯/β–胡萝卜素复合材料的拉伸强度与空白试样的相近，添加量过多时，则导致复合材料宏观力学性能略有衰退。对材料分别进行 120 h 和 240 h 的紫外线辐照处理后，特别是经过 240 h 紫外处理后，添加量为 1%的复合材料拉伸强度与同样老化时间下纯聚氨酯拉伸强度相比约大 10%，而未老化时两组材料的拉伸强度增大值仅为 1.52%。通过老化前后数值增量的对比可以看出，β–胡萝卜素的加入有效地减缓了聚氨酯的老化程度。

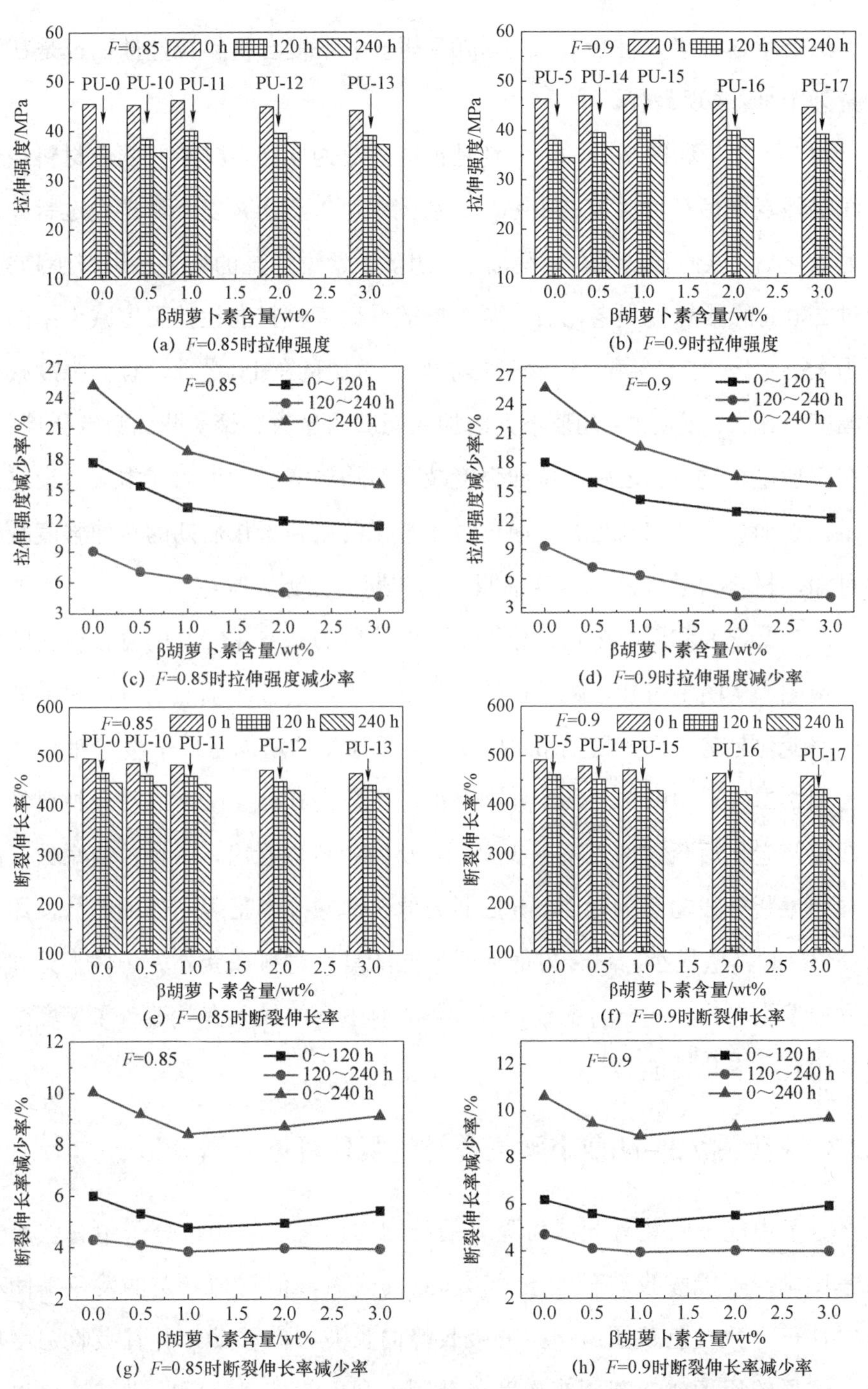

(a) F=0.85时拉伸强度　(b) F=0.9时拉伸强度

(c) F=0.85时拉伸强度减少率　(d) F=0.9时拉伸强度减少率

(e) F=0.85时断裂伸长率　(f) F=0.9时断裂伸长率

(g) F=0.85时断裂伸长率减少率　(h) F=0.9时断裂伸长率减少率

图 7-2　紫外光辐照前后聚氨酯/β－胡萝卜素复合材料力学的性能图

综上所述，老化前后，聚氨酯/β－胡萝卜素复合材料拉伸性能都是在添加量为 1%时表现最优。

图 7-2（c）和图 7-2（d）分别是扩链系数为 0.85 和 0.9 的复合材料经紫外线辐照老化后拉伸强度减少率图。从图中可以看出，复合材料经过紫外灯照射老化后，拉伸强度减少率随着 β－胡萝卜素添加量的增多呈现减小趋势。经过 240 h 的紫外辐照老化后，两个扩链系数下材料的拉伸强度减少率的范围为 15.51%～25.17%和 15.8%～25.73%。添加量在 1%之前，拉伸强度减少率幅度变化大，说明 β－胡萝卜素的加入能够明显改善聚氨酯的耐老化性能。而在添加量超过 1%之后，拉伸强度减少率趋势变缓，说明在本实验设定条件下，添加量应在 1%左右。通过对比老化前期和老化后期的拉伸强度减少率可知，材料力学性能在紫外辐照老化前期劣化更大些。

图 7-2（e）和图 7-2（f）分别是扩链系数为 0.85 和 0.9 的复合材料断裂伸长率图，从图中可知，两种扩链系数下的未经紫外线辐照的复合材料断裂伸长率变化趋势一致，随着 β－胡萝卜素添加量的增加呈现平缓式递减。

图 7-2（g）和图 7-2（h）分别是扩链系数为 0.85 和 0.9 的复合材料经紫外线辐照老化后断裂伸长率减少率图，从图中可以看出，两种扩链系数下的材料经过紫外线辐照老化 240 h 后断裂伸长率减少率呈现同样的趋势，添加量在 1%时其值最小。这一方面说明聚氨酯复合材料在紫外光条件下处理后也同样发生老化，另一方面说明了 β－胡萝卜素的加入有效改善了聚氨酯材料的耐紫外老化性能。

7.2.3 聚氨酯/β－胡萝卜素复合材料紫外可见光谱分析

分子中能吸收紫外光或可见光的结构叫作发色基团。分子中有些原子或基团本身不能吸收波长大于 200 nm 的光波，但它与一定的发色基团相连时，可导致发色基团所产生的吸收峰向长波方向移动，并且吸收强度增加，这样的原子或者基团叫作助色基团。利用紫外可见吸收光谱法可以对物质结构进行定性或定量分析、检验化合物中的有色官能团，即生色基团和助色基团及其变化。

下面列出了以 0.85 为扩链系数的聚氨酯及不同 β－胡萝卜素含量的复合材料在紫外环境下老化后的紫外光谱图，并分别以不同老化时间和不同 β－胡萝卜素添加量作为变量进行制图分析。

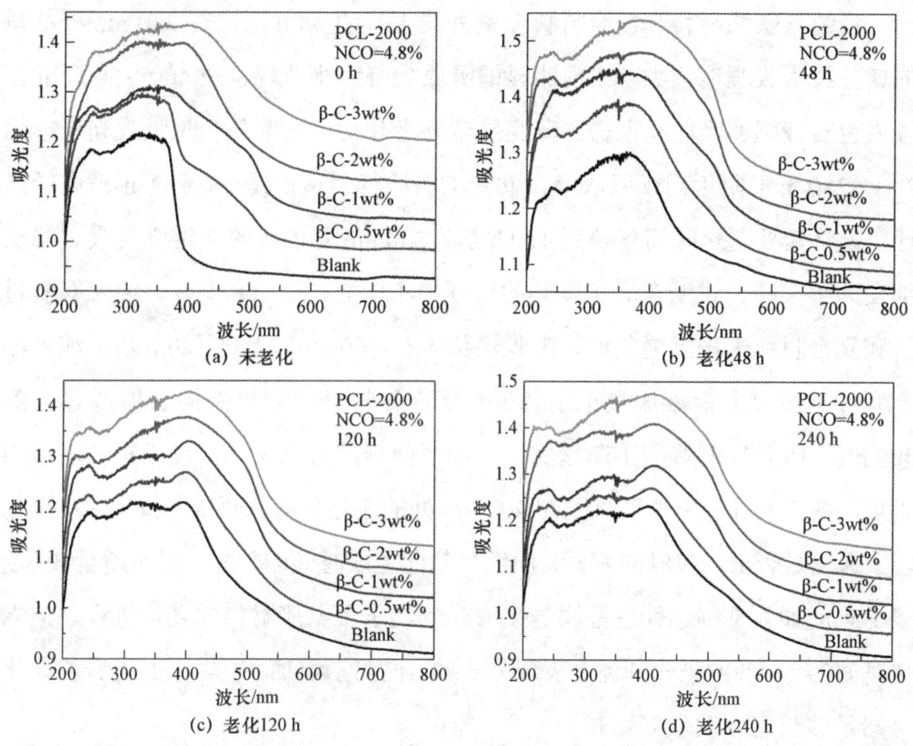

图 7-3　不同老化时间的聚氨酯/β－胡萝卜素复合材料紫外光谱图

由图 7-3 中吸收图谱可以看出，聚氨酯材料在 200～400 nm 范围内有较强烈的吸收，吸收的频率范围较大，其中在 230 nm 附近、320 nm 附近和 370 nm 附近有三个吸收峰，在 320 nm 峰值最大，这可能是由于聚氨酯结构中有多种基团，在吸收峰的位置几乎表现为平顶或包峰。试样经紫外线辐照老化后，材料内部会发生链断裂、链交联、分子结构改变及新基团的生成，使得材料在紫外吸收范围内吸收强度相比于未老化时发生变化，在波形上表现为出现明显的包峰，通过包峰出现的位置推断出材料内部基团或者结构的变化。

聚氨酯中加入 β－胡萝卜素的复合材料吸收峰位置向长波段移动，在 400～500 nm 范围内也有较强的吸收，当添加量达到 2%以上时吸收峰位置移动至 410 nm 左右。

将纯聚氨酯材料和复合材料在紫外线下辐照 48 h 后，在 230 nm 处材料的紫外线吸收强度增大，出现明显的吸收尖峰和平头峰，在 400～500 nm 范围内也有较强的吸收，聚氨酯薄膜经紫外老化后，在紫外可见吸收光谱中的 200～250 nm 附近出现吸收峰，此处的吸收峰对应的是—C＝O n-π*电子跃迁，再将紫外老化时间延长到 120 h 后，230 nm 处的吸收峰增强且吸收峰全部变为平头峰，说明在老化降解的过程中不断有—C＝O 生成。纯聚氨酯材料和复合材料未经过老化时，吸收峰位置在 360 nm，老化 120 h 后，纯聚氨酯和 β－胡萝卜素添加量小于 2%的复合材料吸收峰位置向长波段移动到 400 nm；吸收峰的峰型不断增宽，并逐渐向长波方向移动，说明有助色基团生成。图 7-3（c）中纯聚氨酯在 400 nm 处的明显包峰，而复合材料未出现包峰，通过是否出现包峰的差异，即助色基团生成时间的差异，说明适量 β－胡萝卜素的加入抑制了助色基团的生成，延缓了聚氨酯材料的老化进程。但老化时间为 240 h 的吸收图谱又表现为一致，说明了添加 β－胡萝卜素后若老化时间足够长也会发生老化。

图 7-4 为不同添加量的聚氨酯复合材料紫外吸收光谱图，由图 7-4（a）和图 7-4（b）可知，纯 PU 和复合材料经紫外线辐照老化后，材料的紫外可见吸收光谱随着老化时间的延长变化趋势存在差异，从图 7-4（a）中可以看出，随着老化时间的延长，纯聚氨酯材料的紫外吸收曲线主要在 200～450 nm 发生变化：在 225 nm 左右吸收强度增加变成宽的尖峰，在 225～300 nm 吸收强度增大，在 350～450 nm 区间范围内，紫外吸收的吸收强度发生改变。通过分析图 7-4（b）可知，随着老化时间的延长，在 200～225 nm 的区间范围内，吸收峰的峰型由尖峰变为平头峰，在 225～300 nm 吸收曲线变化不大，在 350～450 nm 紫外吸收曲线变化趋势在缩小。

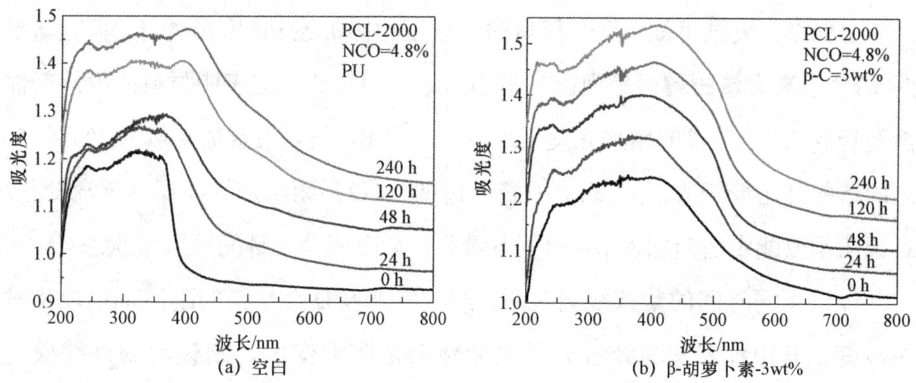

图 7-4　不同添加量的 β－胡萝卜素聚氨酯复合材料紫外光谱图

7.2.4　聚氨酯/β－胡萝卜素复合材料耐溶剂数据

聚氨酯广泛地应用于各个领域和它具有良好的耐溶剂性能紧密相关。聚氨酯材料的耐溶剂性能与其微观结构是有着密切的联系，聚氨酯弹性体耐溶剂性能的优劣主要是其链段形态起决定性作用，弹性体链段的线性程度越高则材料的耐溶剂性能越差，而链段间的交联可以提高聚氨酯材料的耐溶剂性能。图 7-5 是聚氨酯/β－胡萝卜素复合材料在室温 25 ℃，测得的耐环己酮溶胀度数据图。

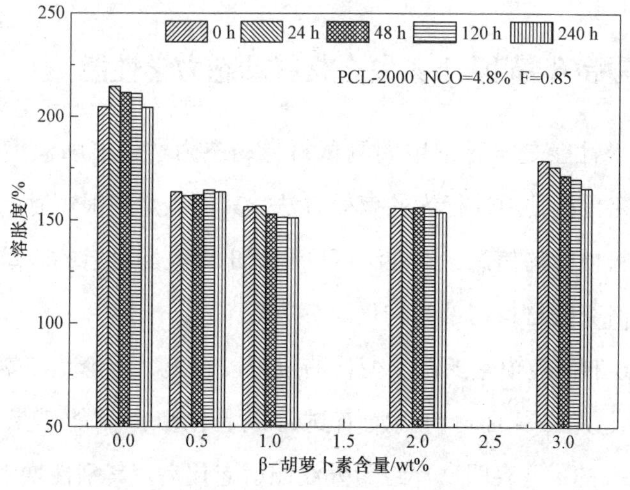

图 7-5　聚氨酯/β－胡萝卜素复合材料的溶胀度

由图 7-5 数据可知，复合材料的溶胀度相比于纯 PU 有所降低，并且随着β–胡萝卜素含量的增大呈现出先减小后增大的趋势，这表明材料的耐溶剂性能随着β–胡萝卜素的增加先变强后减弱，当β–胡萝卜素加入量为 1%到 2%之间溶胀度达最低值，β–胡萝卜素量超过 2%以后耐溶剂性能反而逐渐变差。这说明聚氨酯中适当加入β–胡萝卜素后，会改变分子链间的聚集状态。

经过不同时间的紫外线老化后，纯聚氨酯及复合材料的耐溶剂性能都发生改变，其中纯聚氨酯经过紫外光老化后溶胀度变大，则说明紫外线破坏了聚氨酯材料的结构或者分子内部交联程度，从而表现为聚氨酯耐溶剂性能变差；当在聚氨酯基体中添加 0.5%和 1%的β–胡萝卜素时，其复合材料经过不同时间老化后相比于未老化的复合材料其溶胀率变小；添加量为 1%时，经 24～240 h 的紫外光照射老化耐溶剂溶胀性能几乎不变化，这可能是由于β–胡萝卜素的分子结构中含有多个烯键，样片在经波长为 310 nm 的紫外光照射 24 h 就可能有较多的烯键被打开，使得β–胡萝卜素分子与聚氨酯链间产生更多的交联，因而耐溶剂性能保持相对不变。

当聚氨酯中加入 3%的β–胡萝卜素时，可能对聚氨酯起到增塑作用，影响了硬链段的结晶。但其复合材料的耐溶剂性能依旧优于纯聚氨酯的耐溶剂性能。

7.2.5　聚氨酯/β–胡萝卜素复合材料动态力学性能

动态力学性能是一种常用的测试材料动态力学性能随温度变化规律的方法，是研究材料黏弹性行为的有效方法。其优点是在很短时间内可以获得大量有关材料性能的信息。该方法可以测试出聚氨酯材料的玻璃化转变和次级转变，从而获得材料内部结构信息。

由图 7-6 的储能模量随温度变化曲线可以看出，无论是纯聚氨酯还是添加β–胡萝卜素的复合材料，均有试片经老化后，储能模量变大，尤其是–30 ℃以上的；这表明试片经紫外线照射老化后，其刚性增大，原因可能有两方面，一方面是硬链段的结晶度增大，另一方面是硬链段与软链段之间的聚集态发生改变，而后者为主要原因。

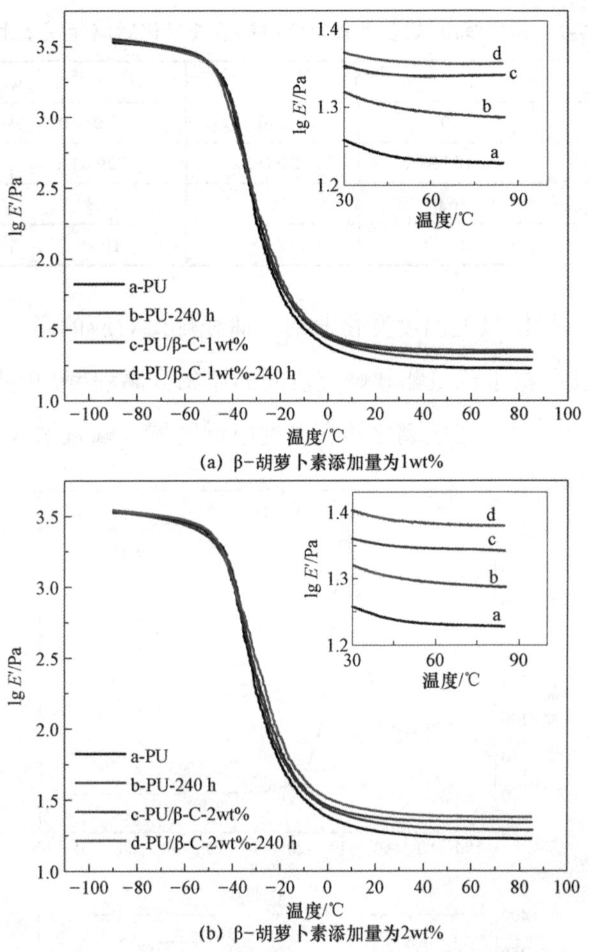

图 7-6　聚氨酯/β-胡萝卜素复合材料的储能模量曲线

在紫外线辐照老化过程中物质的分子或原子能够吸收光能，使分子或原子处于高能状态，分子链发生热运动，首先导致聚合物中的多种相态间的聚集状态发生改变，另外，会导致聚合物中部分分子链发生降解，使分子链的相对规整度增大，分子量下降，促使高聚物的结晶能力增强。

由表 7-1，通过计算 E'-30/E'-70 的比值，来说明微相分离的情况，比值越小，微相分离程度越好，弹性体材料的耐热性能越好。加入 β-胡萝卜素的量为 1%时，与纯聚氨酯一样，相对变大，而加入 2%时，比值变小，说明加入β－胡萝卜素复合材料的微相分离改善。

表 7-1　聚氨酯/β–胡萝卜素复合材料紫外老化后储能模量比值

胡萝卜素含量	0		2 wt%	
老化时间/h	0	240	0	240
E'-30	185.99	236.89	229.63	233.59
E'-70	16.01	19.33	21.89	22.66
E'-30/E'-70	11.62	12.25	10.49	10.31

图 7-7 为耗能模量随温度变化曲线，曲线峰值对应的温度是玻璃化转变温度，这一温度取决于聚氨酯软硬链段间的微相分离程度，由峰型可以看出，聚氨酯老化 240 h 后，在玻璃化转变温度附近区域，峰宽增大，说明了软硬

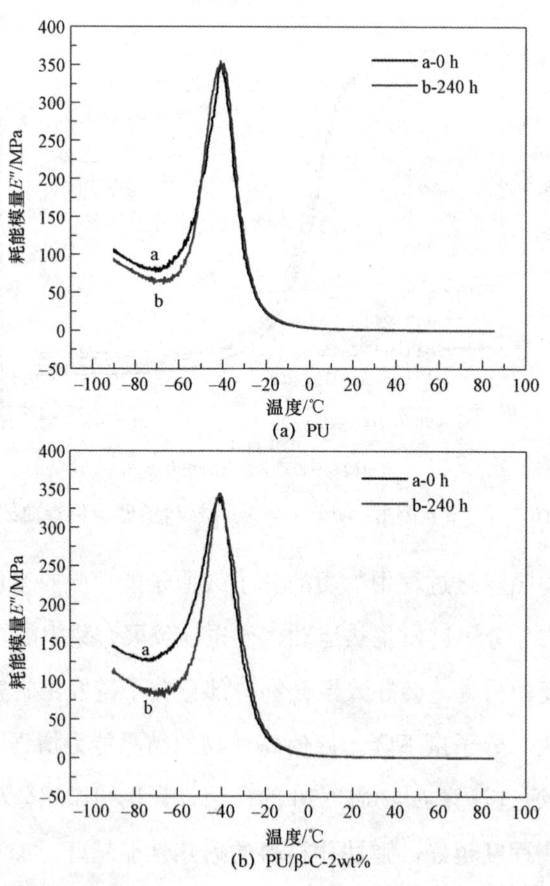

图 7-7　聚氨酯/β－胡萝卜素复合材料的耗能模量曲线

链段间的聚集状态发生了一定的改变，微相分离变差，加入 1%的 β－胡萝卜素的聚氨酯复合材料与纯聚氨酯结果相似，而当加入 2%时，耗能模量曲线上峰宽减小，而表现为微相分离改善，这一点差异的原因正如前面所讨论的，在老化过程中分子链发生热运动，导致聚合物中的多种相态间的聚集状态发生改变，而当 β－胡萝卜素的添加量增多时会减少分子链的断裂。

从图 7-8 可以看出，峰值降低，峰值所对应的温度略基本未变，说明微相分离程度在老化前后略有变化，综合上述的结果可以归结为，老化过程中分子链获得能量，改变了聚集态，纯聚氨酯老化后，软硬链段的混乱的增大，可能是由于大分子链段的断裂和重新交联造成的；而加入适当量的 β－胡萝卜素后，抑制了大分子链的断裂。

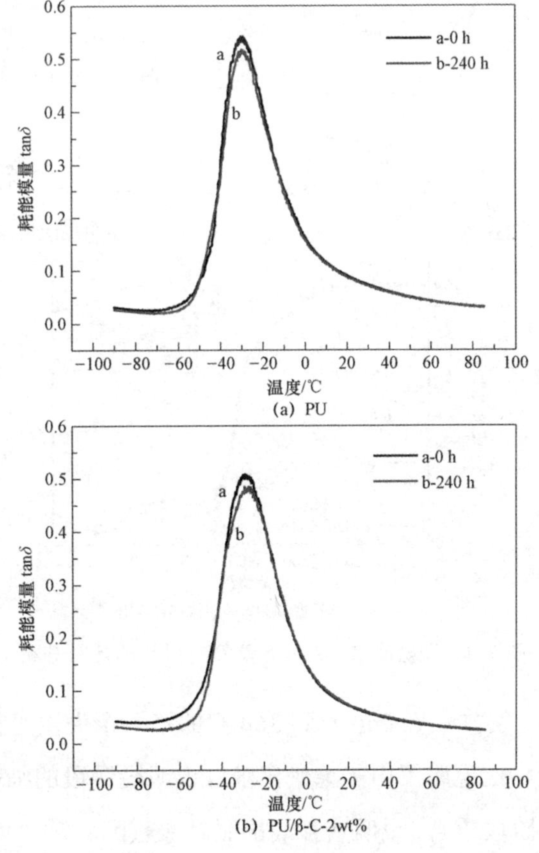

图 7-8　聚氨酯/β－胡萝卜素复合材料的力学内耗曲线

7.2.6 聚氨酯/β－胡萝卜素复合材料耐热性能

图 7-9 为聚氨酯/β－胡萝卜素复合材料的耐热性能曲线。从图中可以看到，PU 和添加 β－胡萝卜素的聚氨酯复合材料存在 3 个失重过程，曲线中第一个失重过程为 240 ℃至 360 ℃，该过程的主要反应是氨基甲酸酯的分解；第二个失重过程从 360 ℃开始到 440 ℃结束，这一阶段主要是 PU 中软链段的分解，且分解速率最快，失重率在 60%左右。而三个过程纯聚氨酯和复合材料之间存在差别。

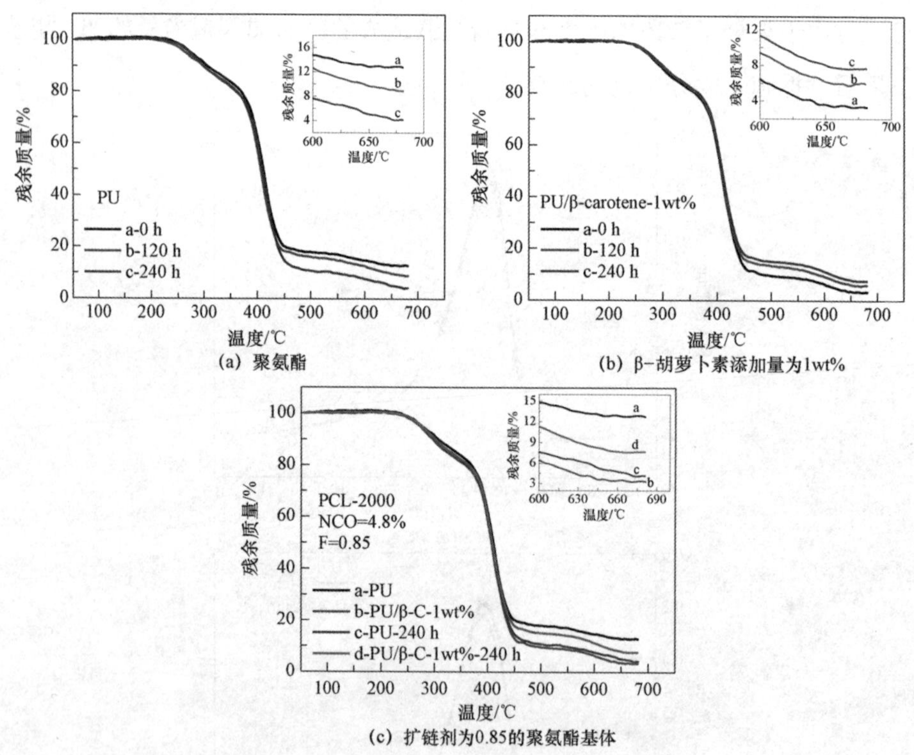

(a) 聚氨酯

(b) β－胡萝卜素添加量为1wt%

(c) 扩链剂为0.85的聚氨酯基体

图 7-9 聚氨酯/β－胡萝卜素复合材料的热重分析

从图 7-9（a）可知，在 240 ℃到 360 ℃的第一个失重过程，三条曲线拐点位置几乎重合，这说明了由热重变化难以说明硬链段的细微差别；图 7-9 中的第二个失重阶段重合，说明紫外线辐照对聚氨酯软链段破坏不大。图 7-9 中的第三个失重阶段及全程始终存在显著差异，原因是有可能添加 β－胡萝卜素后，聚合物成碳机理发生了某种改变，因而造成失重率的差异，对于这一现象有必要进一步研究探索。

7.3　本章小结

本章主要研究了改性聚氨酯在紫外环境中的老化规律，通过色差、力学性能、紫外可见吸收光谱、耐溶剂性能、动态力学性能和耐热性能的结果分析，得出以下结论。

① 在紫外环境下，各复合材料的色差均随着老化时间的延长而逐渐加深，但在相同老化时间内，添加 β－胡萝卜素的聚氨酯复合材料色差变化要小于纯聚氨酯材料的色差。

② 两种扩链系数下，聚氨酯/β－胡萝卜素复合材料与 PU 相比，拉伸强度呈现先增大后减小的趋势，断裂伸长率相比于纯聚氨酯材料有所降低，但经过紫外线老化后，复合材料的拉伸强度和断裂伸长率的变化值小于纯聚氨酯，说明 β－胡萝卜素的加入能改善聚氨酯材料的耐紫外性能。

③ 在紫外环境下，聚氨酯材料初期老化在 200～250 nm 之间，出现吸收峰并且峰变宽，400 nm 处发生微量变化，在延长紫外照射后，助色基团的生成使得聚氨酯材料在 400 nm 处出现明显吸收峰。并通过对比纯聚氨酯材料和添加量为 3%的复合材料吸收曲线变化可知，β－胡萝卜素的加入增强了聚氨酯材料的抗紫外老化能力。

④ 聚氨酯/β－胡萝卜素复合材料较 PU 的耐溶剂性能有所改善，添加量为 1%时，经 24～240 h 的紫外光照射老化耐溶剂溶胀性能几乎不变化，这可能是由于 β－胡萝卜素的分子结构中含有多个烯键，样片在经波长为 310 nm 的紫外光照射 24 h 就可能有较多的烯键被打开，使得 β－胡萝卜素分子与聚氨酯链间产生更多的交联，因而耐溶剂性能保持相对不变。

⑤ 通过动态力学性能分析可知，纯聚氨酯和添加 1%的 β－胡萝卜素的

聚氨酯复合材料，经 240 h 的紫外辐照后，贮能模量变大，尤其是 – 30 ℃以上的贮能模量；储能模量比值（E'-30/E'-70）增大；而耗能模量随温度变化的峰宽略微增大；这表明试片在老化过程使软硬链段间多种相态的聚集状态发生改变，微相分离程度变差。而当 β – 胡萝卜素的添加量为 2%时从耗能模量随温度变化曲线可以看出，聚氨酯老化 240 h 后，耗能模量曲线上峰宽减小，而表现为微相分离改善，这一点差异的原是在老化过程中分子链发生热运动，导致聚合物中的多种相态间的聚集状态发生改变，而当 β – 胡萝卜素的添加量增多时会减少分子链的断裂和重新交联。

第 8 章　共轭有机化合物对不同软链段聚氨酯的耐候性能研究

前面两章已经详细考察了维生素 A 醋酸酯和 β – 胡萝卜素对聚酯型聚氨酯材料耐候性能的影响，分析表明：在 PU 基体中加入少量的共轭有机化合物对聚氨酯的耐候性能是有益的。本章中选取以聚已二酸乙二醇酯（PEA）和聚四氢呋喃醚二醇（PTMG）为软链段合成复合材料，继续研究共轭有机化合物对 PU 的耐候性作用，并结合之前章节的分析，讨论共轭有机化合物这类改性剂对聚氨酯材料耐候性能的影响。

8.1　制备方法

分别以 PEA、PTMG 为软链段，TDI 为硬链段，E-300 为扩链剂，维生素 A 醋酸酯和 β – 胡萝卜素作为添加剂，采用预聚法工艺制备聚氨酯/维生素 A 醋酸酯复合材料与聚氨酯/β – 胡萝卜素复合材料。具体工艺与第四章相同。

8.2　结果与讨论

制备以 PEA 为软链段的预聚体中设定的异氰酸酯基团含量为 4.8%，以

PTMG 为软链段的预聚体中设定的异氰酸酯基团含量为 5.3%，加入 TDI 制备预聚体，分别添加 0.5 wt%、1 wt%、2 wt%、3 wt%的维生素 A 醋酸酯及 β－胡萝卜素制备聚氨酯/维生素 A 醋酸酯复合材料和聚氨酯/胡萝卜素复合材料，分别计作 PU_{PEA} 和 PU_{PTMG}，同时制备空白试样。考察不同添加量和不同扩链系数的聚氨酯弹性体的耐老化性能，主要通过色差变化、紫外光谱、力学性能等表征手段来考察弹性体老化性能的变化。

8.2.1 色差分析

8.2.1.1 维生素 A 醋酸酯对聚氨酯色差影响分析

为了快速了解聚氨酯的颜色变化，采用波长为 310 nm 的紫外线在室温照射一定的时间后对比颜色变化，如图 8-1 所示。样条从上到下的老化时间顺序：0 h、120 h、240 h。

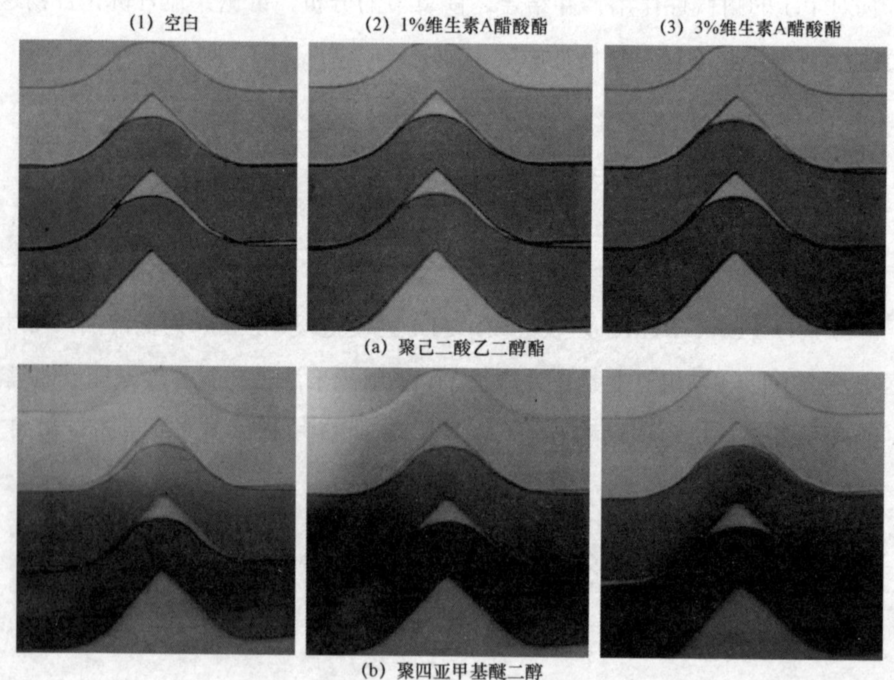

图 8-1　聚氨酯/维生素 A 醋酸酯复合材料色差变化图

图 8-1（a）和图 8-1（b）对比可以看出，两种软链段制备的纯聚氨酯材料在经过紫外线老化后，色差变化不同，说明他们自身抗老化能力不同，其中 PTMG 型聚氨酯材料颜色变化最浅，PEA 型聚氨酯材料颜色变化次之。说明 PTMG 型聚氨酯抗紫外老化能力强于 PEA 型聚氨酯。而添加维生素 A 醋酸酯后，复合材料的颜色变化相比于它们各自的纯聚氨酯，颜色变化浅，说明维生素 A 醋酸酯的加入能够改善不同软链段组成的聚氨酯抗紫外线能力。

8.2.1.2　胡萝卜素对聚氨酯色差影响分析

从图 8-2（a）和图 8-2（b）可以看出，两种聚氨酯与 β－胡萝卜素共混情况，PTMG 型聚氨酯好于 PEA 型聚氨酯。加入 β－胡萝卜素的聚氨酯复合材料经过紫外线老化后颜色变化程度小于纯聚氨酯材料，说明 β－胡萝卜素的加入能够改善聚氨酯材料的黄变过程。

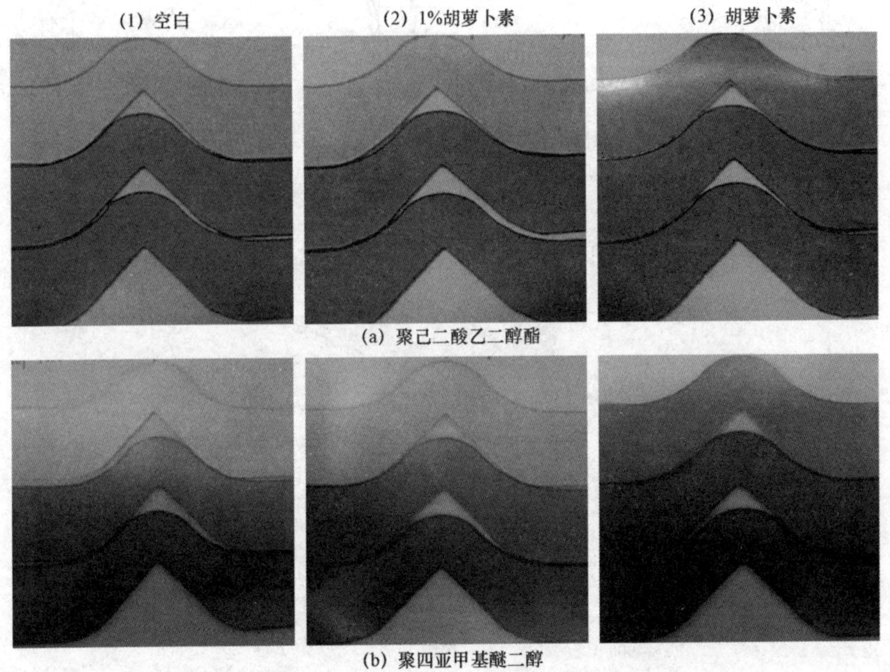

图 8-2　聚氨酯/β－胡萝卜素复合材料色差变化

8.2.2 紫外分析

8.2.2.1 维生素 A 醋酸酯对聚氨酯紫外光谱影响分析

图 8-3 是两种软链段纯聚氨酯材料和维生素 A 醋酸酯添加量为 3%的复合材料在紫外光下辐照不同时间的紫外光谱图，通过观察两种类型纯聚氨酯的紫外光谱图可知，两种类型的聚氨酯材料随着紫外线辐照时间的延长，变化发生在 400 nm 附近，特别是在老化 120 h 后，在 400 nm 处出现的紫外吸收峰，说明聚氨酯材料在经过紫外线辐照后有助色基团的生成。而添加了维生素 A 醋酸酯的复合材料经过 120 h 的紫外辐照老化后，没有明显的吸收峰出现。说明维生素 A 醋酸酯的加入改善了聚氨酯材料的抗老化效果。

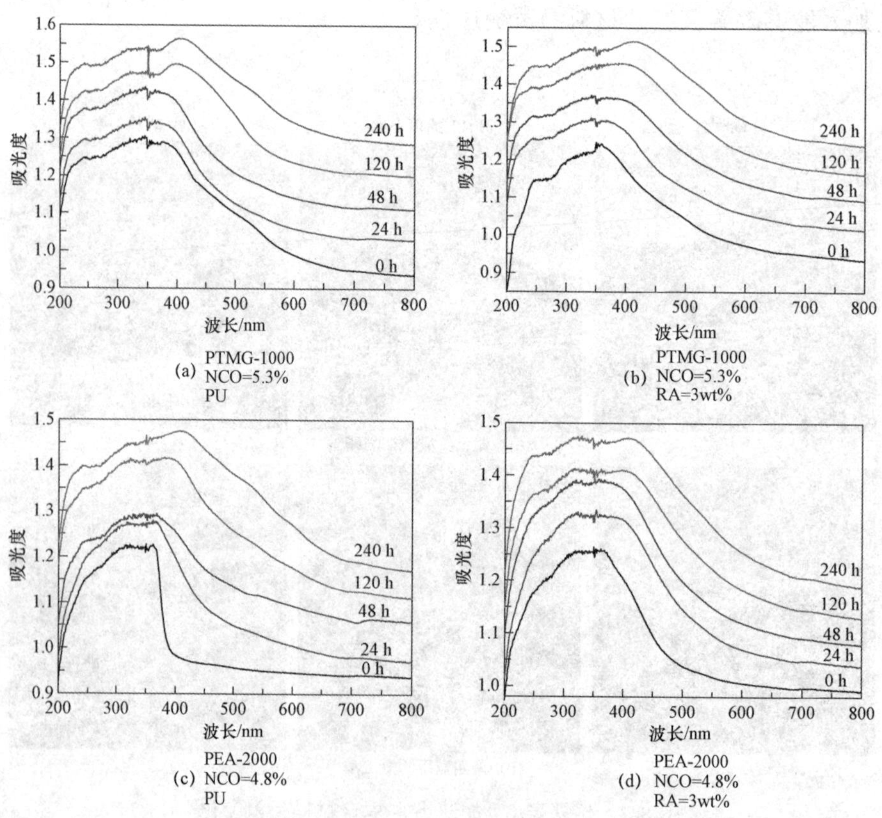

图 8-3 聚氨酯/维生素 A 醋酸酯复合材料紫外光谱图

以 PEA 为软链段的 PU 经过紫外光辐照 240 h 后，在 230 nm 左右的吸收峰增大，在 370 nm 以后吸收峰型明显加宽，400 nm 左右吸收峰红移，说明老化过程中聚氨酯材料有助色基团的生成；添加维生素 A 醋酸酯后，在 230 nm 的吸收峰增大不明显，吸收图谱在 370 nm 吸收峰略有红移，但是吸收强度小于纯 PU，最高峰出现在 310 nm，400 nm 峰红移，但吸收强度没有增大。说明维生素 A 醋酸酯的加入抑制了聚氨酯材料的助色基团生成，进而延缓了聚氨酯材料的老化进程。

8.2.2.2 胡萝卜素对聚氨酯紫外光谱影响分析

图 8-4 分别是两种软链段纯聚氨酯材料和 β – 胡萝卜素添加量为 3%的复合材料在紫外光下辐照不同时间的紫外光谱图，通过观察两种类型纯聚氨酯的紫外光谱图可知，两种类型的聚氨酯材料随着紫外线辐照时间的延长，变

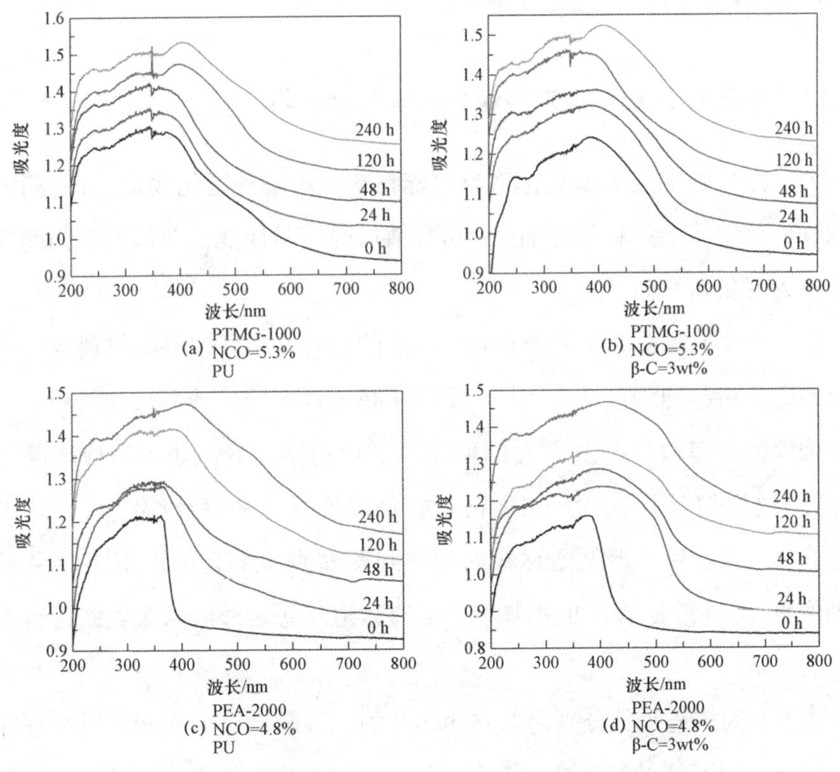

图 8-4 聚氨酯/β – 胡萝卜素复合材料紫外光谱图

化主要发生在400 nm附近，特别是在老化120 h后，在400 nm处出现的紫外吸收峰，说明聚氨酯材料在经过紫外线辐照后有助色基团的生成。而添加了β－胡萝卜素的复合材料经过120 h的紫外辐照老化后，没有明显的吸收峰出现。说明β－胡萝卜素的加入改善了聚氨酯材料的抗老化效果。

以PTMG为软链段的PU老化前后，在370 nm以后吸收峰型明显加宽，说明老化过程中聚氨酯材料有助色基团的生成；而对比复合材料在紫外线老化的前后曲线变化可知，说明β－胡萝卜素的加入对PTMG型聚氨酯材料的助色基团生成具有明显的抑制效果，PEA型聚氨酯材料紫外吸收曲线的变化幅度小于纯聚氨酯材料，说明β－胡萝卜素对其还是有一定的抗紫外老化效果。从添加量为3%的β－胡萝卜素和空白样品经紫外光辐照24 h的图谱变化可以认为，紫外线对β－胡萝卜素有强烈作用。

8.2.3 力学分析

8.2.3.1 维生素A醋酸酯对聚氨酯力学影响分析

为了考察维生素A醋酸酯对聚氨酯材料的耐紫外老化效果，分别测试了不同软链段聚氨酯材料紫外辐照240 h前后的力学性能，并以力学强度的变化率作为考量指标。

图8-5为扩链系数分别为0.85和0.9的三种软链段聚氨酯材料经过紫外线辐照老化后拉伸强度减少率图，从图中可知，不同扩链系数的三种聚氨酯拉伸强度减少率随着维生素A醋酸酯添加量的增加而减小，三种软链段聚氨酯复合材料在添加量为1%之前，拉伸强度减少率变化幅度大，而在添加量超过1%之后，聚氨酯材料的拉伸强度减少率变化幅度缩小，说明随着维生素A醋酸酯含量的增加，能够有效地减缓紫外线对聚氨酯材料力学性能的影响。

图8-6为扩链系数分别为0.85和0.9的三种软链段聚氨酯材料经过紫外线辐照老化后断裂伸长率减少率图，从图中可知，三种聚氨酯材料的断裂伸

长率减少率变化趋势相似，呈现先减小后增大的变化。PCL、PTMG 型聚氨酯材料在维生素 A 醋酸酯添加量为 1%时，断裂伸长率减少率最低，即力学性能在紫外线辐照下性能表现稳定。PEA 型聚氨酯则是在添加量为 0.5%时断裂伸长率减少率减少最小。通过减少率的变化可知维生素 A 醋酸酯能够改善聚氨酯材料的耐老化性能。

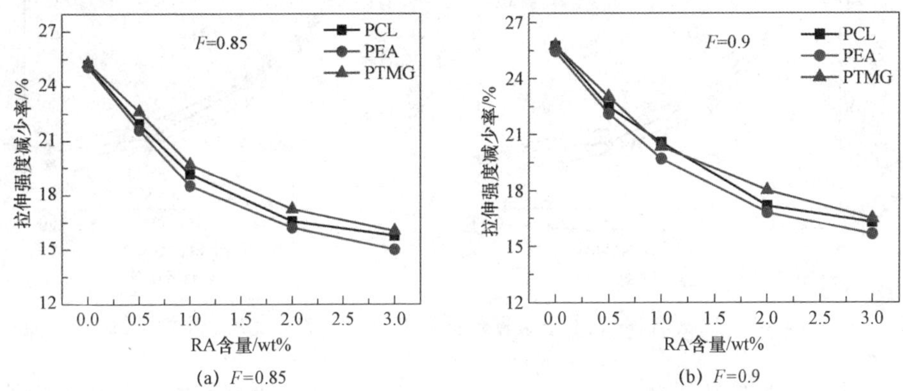

(a) F=0.85　　(b) F=0.9

图 8-5　聚氨酯/维生素 A 醋酸酯复合材料力学的拉伸强度减少率性能图

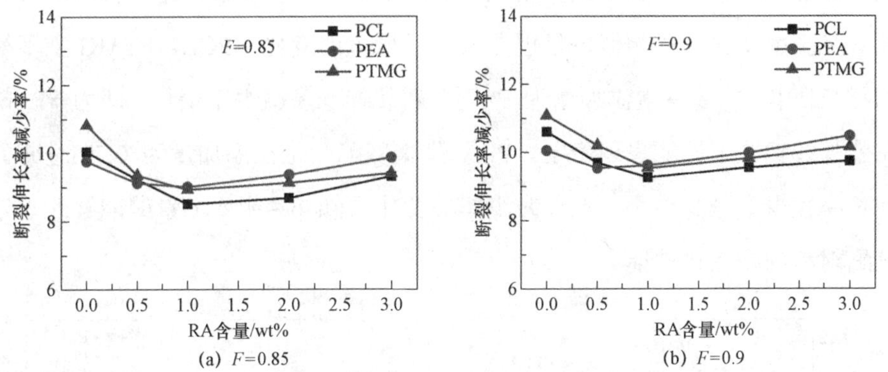

(a) F=0.85　　(b) F=0.9

图 8-6　聚氨酯/维生素 A 醋酸酯复合材料的断裂伸长率减少率性能图

8.2.3.2　β-胡萝卜素对聚氨酯力学影响分析

图 8-7 为扩链系数分别为 0.85 和 0.9 的三种软链段聚氨酯材料经过紫外线辐照老化后拉伸强度减少率图，从图中可知，不同扩链系数的三种聚氨酯拉伸强度减少率随着 β-胡萝卜素添加量的增加而减小，三种软链段聚氨酯

复合材料在添加量为 1%之前，拉伸强度减少率变化幅度大，而在添加量超过 1%之后，聚氨酯材料的拉伸强度减少率变化幅度缩小，说明随着 β－胡萝卜素含量的增加，能够有效地减缓紫外线对聚氨酯材料力学性能的影响。

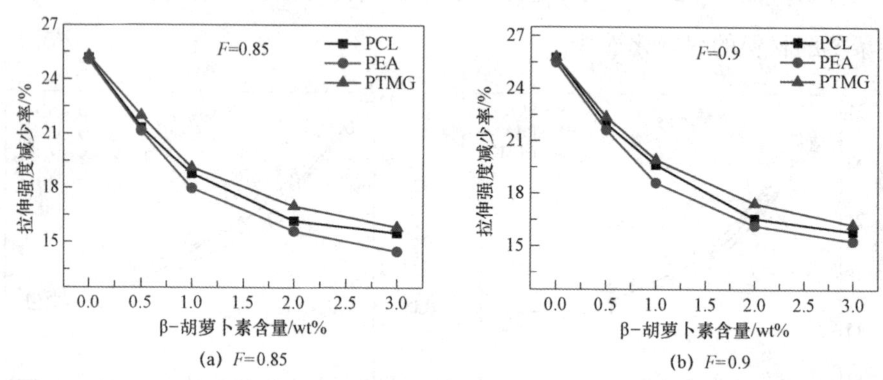

(a) F=0.85 (b) F=0.9

图 8-7 聚氨酯/β－胡萝卜素复合材料力学的拉伸强度减少率性能图

图 8-8 为扩链系数分别为 0.85 和 0.9 的三种软链段聚氨酯材料经过紫外线辐照老化后断裂伸长率减少率图，从图中可知，三种聚氨酯材料的断裂伸长率减少率变化趋势相似，呈现先减小后增大的变化。PCL、PTMG 型聚氨酯材料在 β－胡萝卜素添加量为 1%时，断裂伸长率减少率最低，即力学性能在紫外线辐照下性能表现稳定。PEA 型聚氨酯则是在添加量为 0.5%时断裂伸长率减少率减少最小。通过减少率的变化可知 β－胡萝卜素的能够改善聚氨酯材料的耐老化性能。

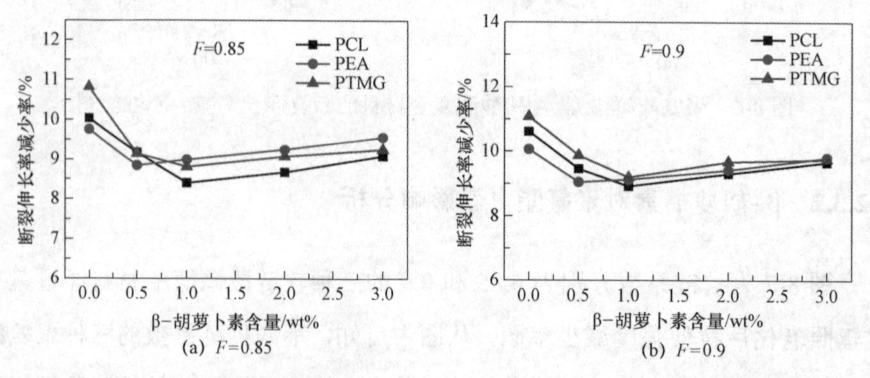

(a) F=0.85 (b) F=0.9

图 8-8 聚氨酯/β－胡萝卜素复合材料的断裂伸长率减少率性能图

8.3　本章小结

① 对比不同种类软链段所制备的聚氨酯受紫外老化前后的黄度情况可知，维生素 A 醋酸酯有抑制黄变作用；β－胡萝卜素也有同样的抑制作用。以 PTMG 为软链段的 PU 耐黄度好于以 PEA 为软链段的 PU。

② 通过分析纯聚氨酯材料和添加量为 3%时复合材料的紫外吸收光谱曲线变化可知，共轭有机化合物的加入能够抑制聚氨酯材料分子链上助色基团的生成。

③ 不同软链段、不同扩链系数、不同 NCO 含量的聚氨酯材料在力学方面存在差异，但是共轭有机化合物的加入对材料的耐老化改变趋势一致，相比于纯聚氨酯材料，复合材料在紫外辐照后，力学性能减小幅度小。

第 9 章　结论与展望

9.1　结　论

采用自主开发的低活性端氨基聚醚（N-1000）、二羟甲基丁酸（DMBA）和异佛尔酮二异氰酸酯（IPDI）为主要原料并设计了全新的制备工艺，依据分子设计思路合成了三种不同分子量的水性聚氨酯脲 WPUU1、WPUU2 和 WPUU3，解决了常规端氨基聚醚和—NCO 基团反应剧烈，无法控制的难题，着重考察了 N-1000 与—NCO 基的反应条件。结果表明：—NCO 基团和 N-1000 的最佳反应温度是 40 ℃，反应时间为 2 h。

将水性聚氨酯脲 WPUU1、WPUU2 和 WPUU3 分别与丙烯酸酯单体（AC）共聚合成水性聚氨酯脲 – 丙烯酸酯复合乳液（WPUUA），考察了 WPUU 分子量以及 WPUU/AC 含量比例变化对乳液及胶膜性能的影响。结果表明：与不含 WPUU 的 PA 乳液及其胶膜相比，WPUUA 乳液凝胶率降为 0 wt%，胶膜拉伸强度有较大提高；TEM 图像显示，WPUUA 乳液粒子形态发生变化，出现一些“串珠型”的链段结构；DMA 测试表明 WPUUA 胶膜硬度和刚性增大；AFM 图像显示出 WPUUA 胶膜表面粗糙度降低，相图中明暗相间的条带意味着大分子链段规整性较好。

利用烯丙基聚乙二醇醚（APEG-600）、异佛尔酮二异氰酸酯（IPDI）和 3-氨基丙基三乙氧基硅烷（KH550）为原料合成了一种烯丙基聚氨酯脲硅烷，利用其对水性聚氨酯脲 – 丙烯酸酯乳液进行改性得到复合乳液，考察了 PUSi

添加量对乳液及胶膜性能的影响。结果表明：PUSi 添加过多会导致 PUSiA 乳液凝胶率较大；PUSiA 胶膜吸水率降低；拉伸强度随着 PUSi 添加量的增加而先增大后降低；胶膜热稳定性有一定提升；TEM 图像显示 PUSiA 乳液的粒子形态呈现多边形，其中以六边形为主；DMA 测试表明引入 PUSi 对胶膜刚性的提高有一定作用；AFM 图像显示 PUSiA 胶膜粗糙度与 WPUUA 胶膜相比有所降低，但分子链排列规整性变差。

利用不同分子量的端烯基聚氧乙烯醚与 IPDI 按摩尔比 2:1 反应制备了 4 种端烯基聚氨酯中间体：PUEG1、PUEG2、PUEG3 和 PUEG4，分别将其与丙烯酸酯单体（AC）聚合得到柔性聚氨酯－丙烯酸酯复合乳液（PUEGA），分别考察了 PUEG 分子量以及 PUEG/AC 质量比变化对复合乳液及胶膜性能的影响。结果表明：与 PA 胶膜和 WPUUA 胶膜相比，当 PUEG 含量适中时，PUEGA 胶膜吸水率减小，热稳定性提升；由分子量较小的 PUEG1 和 PUEG2 所得复合乳液胶膜的拉伸强度和断裂伸长率都降低，而由分子量较大的 PUEG3 和 PUEG4 后所得复合乳液胶膜的断裂伸长率明显增大，但拉伸强度只有在 PUEG3/AC＝20/80 或 PUEG4/AC＝20/80 时才有所提高；TEM 图像显示，PUEGA 乳液的粒子形态出现了非常明显的长链结构；DMA 分析表明 PUEGA 胶膜刚性随着 PUEG 分子量的增大而增大，同时胶膜的使用温度范围更广，适应环境变化的能力更强；AFM 图像显示 PUEGA 胶膜表面光滑且随着 PUEG 分子量的增大，其聚合物大分子链的排列有序性和规整性越高。

通过对维生素 A 醋酸酯和 β－胡萝卜素两种具有共轭双键的有机化合物进行紫外光谱分析，维生素 A 醋酸酯吸收波段主要在 200～310 nm，β－胡萝卜素对 200～510 nm 整个波段都有较强吸收，在紫外环境下，共轭有机化合物对聚氨酯材料的黄变老化具有抑制作用。力学性能测试表明，共轭有机化合物对不同扩链系数、不同软链段的聚氨酯拉伸性能改善效果相似，即随着共轭有机化合物添加量的增多拉伸强度衰减变小；两种扩链系数下，聚氨酯/共轭有机化合物复合材料与 PU 相比，经过紫外线老化后，复合材料的拉伸强度和断裂伸长率的变化值小于纯聚氨酯，说明共轭有机化合物的加入能改善聚氨酯材料的耐紫外性能。通过紫外光谱分析可知，聚氨酯材料在紫外线辐照下吸收强度和吸收峰位置发生改变，前期老化主要对材料在 200～250 nm 波长范围内吸收强度影响较大，老化后期因助色基团的生成使得材料在 400 nm 附近的吸收强度发生改变而出现明显的包峰，通过不同老化时段试样紫外线吸收光谱图的不同，可以得出共轭有机化合物对聚氨酯的老化有抑制作用。

通过动态力学性能分析可知，无论是纯聚氨酯还是添共轭有机化合物的聚氨酯复合材料，经 240 h 的紫外辐照后，贮能模量变大，尤其是 – 30 ℃以上的贮能模量；除添加量 2%的聚氨酯/β – 胡萝卜素的聚氨酯复合材料外，耗能模量随温度变化的峰宽增大，微相分离变差；表明试片在老化过程中聚氨酯软硬链段的多种相态间的聚集状态发生改变，老化过程中部分断裂的链段产生新的交联；添加的维生素 A 醋酸酯吸收紫外线后双键断裂，又会与聚氨酯链重新交联从而保护聚氨酯材料。而当 β – 胡萝卜素的添加量为 2%时从耗能模量随温度变化曲线可以看出，聚氨酯老化 240 h 后，耗能模量曲线上峰宽减小，而表现为微相分离改善，这一点差异的原因是在老化过程中分子链发生热运动，导致聚合物中的多种相态间的聚集状态发生改变，而当 β – 胡萝卜素的添加量增多时会减少分子链的断裂和重新交联。

9.2 展 望

本书实验条件下制备的纯 PA 乳液胶膜和 WPUUA 复合乳液胶膜，吸水率都比较高。一方面，可能是由于本实验的乳液制备方法存在一定缺陷导致的，另一方面，WPUUA 复合乳液吸水率高与阴离子水性聚氨酯脲有较大关系。因此后续研究中可以从降低胶膜吸水率方面入手，探索优化乳液的制备工艺方法，或者引入一些功能单体，以期提高胶膜的耐水性。

本书在利用端烯基聚氧乙烯醚制备的端烯基聚氨酯中间体过程中，仅研究了四种不同分子量的端烯基聚氧乙烯醚，通过研究发现分子量的不同对最终复合乳液性能会产生较大影响。因此后续工作可继续探讨其他分子量或者更高活性端烯基聚氧乙烯醚或者利用其制备合成具有交联作用的多烯基聚氨酯中间体，考察其对复合乳液性能的影响，以制备出性能更优的复合胶膜。

本书主要是选取共轭有机化合物中的维生素A醋酸酯和β-胡萝卜素作为改性剂，以较好成型的聚氨酯为基体，探究共轭有机化合物吸收紫外线的效果。从分析结果可知，共轭有机化合物对聚氨酯材料的抗紫外老化具有改善效果。因此，针对共轭体系在聚氨酯基体中如何发挥抗老化作用的机理需作进一步研究，此外，本书根据现有的实验结果和前面介绍的紫外吸收剂作用机理和种类，后续工作已经从共轭有机化合物与专门的紫外吸收剂共混研究出发，考察共轭有机化合物与紫外吸收剂共混后对聚氨酯材料抗紫外老化的效果。除以上的研究方向外，根据温度能够改变材料的结晶行为，臭氧具有强的氧化性的特点，可以考虑共轭有机化合物在多重老化条件下的耐候性情况。

参考文献

［1］CRISTINA PRISACARIU. Polyurethane Elastomers From Morphology to Mechanical Aspects［M］. Wien: Springer-Verlag, 2011.

［2］高琼芝，曾幸荣. 改性聚氨酯涂料的研究进展［J］. 化工新型材料，2009，37（12）：11-42.

［3］山西省化工研究所. 聚氨酯弹性体手册［M］. 北京：化学工业出版社，2001.

［4］JIANG S, VAN D A, MAURICE A, et al. Design colloidal particle morphology and self-assembly for coating applications［J］. Chemical Society Reviews, 2017, 46 (12): 3792-3807.

［5］DYK A V, NAKATANI A. Shear rate-dependent structure of polymer-stabilized TiO_2 dispersions［J］. Journal of Coatings Technology and Research, 2013, 10 (3): 297-303.

［6］DYK A V, CHATTERJEE T, GINZBURG V V, et al. Shear-Dependent Interactions in Hydrophobically Modified Ethylene Oxide Urethane (HEUR) Based Coatings: Mesoscale Structure and Viscosity［J］. Macromolecules, 2015, 48 (6): 1866-1882.

［7］GINZBURG V V, DYK A K V, CHATTERJEE T, et al. Modeling the Adsorption of Rheology Modifiers onto Latex Particles Using Coarse-Grained Molecular Dynamics (CG-MD) and Self-Consistent Field Theory (SCFT)［J］.

Macromolecules, 2015, 48 (21): 8045-8054.

[8] LI Z, VAN DYK AK, FITZWATER SJ, et al. Atomistic Molecular Dynamics Simulations of Charged Latex Particle Surfaces in Aqueous Solution [J]. Langmuir the Acs Journal of Surfaces and Colloids, 2016, 32 (2): 428-441.

[9] SNUPAREK J, QUADRAT O. Effect of copolymer composition on flow properties and film formation of functionalised latex binders [J]. Surface coatings international part B, 2006, 89 (1): 15-22.

[10] TZITZINOU A, KEDDIE J L, JEYNES C, et al. Molecular weighe effects on film formation of latex and surfactant morphology [J]. Abstracts of Papers of the American Chemical Society, 1999, 218: U609-U609.

[11] STEWARD P A, HEARN J, WILKINSON M C. An overview of polymer lates film formation and properties [J]. Advances in Colloid and Interface Science, 2000, 86: 195-267.

[12] ALEXANDER F R, WILLIAM B R. Deformation Mechanisms during latex Film Formation: Experimental Evidence [J]. Industrial and Engineering Chemistry Research, 2001, 40 (20): 4302-4308.

[13] LIAO Q, CHEN L, QU X, et al. Brownian Dynamics Simulation of Film Formation of Mixed Polymer Latex in the Water Evaporation Stage [J]. Journal of colloid and Interface Science, 2000, 227 (1): 84-94.

[14] MA Y, DAVIS H T, SCRIVEN L E. Microstructure development in drying latex coatings [J]. Progress in Organic Coatings, 2005, 52 (1): 46-62.

[15] BAUEREGGER S, PERELLO M, PLANK J. On the role of colloidal crystal-like domains in the film forming process of a carboxylated styrene-butadiene latex copolymer [J]. Progress in Organic Coatings, 2014, 77 (3): 685-690.

[16] RAMOS L, LUBENSKY T C, DAN N, et al. Surfactant-mediated

two-dimensional crystallization of colloidal crystals [J]. Science, 1999, 286 (5448): 2325-2328.

[17] GASSER U, WEEKS E R, SCHOFIELD A, et al. Real-Space Imaging of Nucleation and Growth in Colloidal Crystallization [J]. Science, 2001, 292 (5515): 258-262.

[18] CHEN X, FISCHER S, MEN Y. Temperature and relative humidity dependency of film formation of polymeric latex dispersions [J]. Langmuir the Acs Journal of Surfaces and Colloids, 2011, 27 (21): 12807-12814.

[19] HAN W, LI B, LIN Z. Drying-Mediated Assembly of Colloidal Nanoparticles into Large-Scale Microchannels [J]. Acs Nano, 2013, 7 (7): 6079-6085.

[20] OKUBO M, KATSUTA Y, MATSUMOTO T. Studies on suspension and emulsion. Li. Peculiar morphology of composite polymer particles produced by seeded emulsion polymerization [J]. Journal of Polymer Science: Polymer Letters banner, 1982, 20 (1): 45-51.

[21] SUNDBERG D C, CASASSA A P, PANTAZOPOULOS J, et al. Morphology development of polymeric microparticles in aqueous dispersions. I. Thermodynamic considerations [J]. Journal of Applied Polymer Science, 1990, 41 (7-8): 1425-1442.

[22] SCHULER B, BAUMSTARK R, KIRSCH S, et al. Structure and properties of multiphase particles and their impact on the performance of architectural coatings [J]. Progress in Oranic Coating, 2000, 40 (1-4): 139-150.

[23] DONALD C. SUNDBERG, YVON G. Durant. Latex Particle Morphology, Fundamental Aspects: A Review [J]. Polymer Reaction Engineering, 2003, 11 (3): 379-432.

[24] PARK J M. Core-Shell Polymerization with Hydrophilic Polymer Cores [J]. 2001, 9 (1): 51-66.

［25］ SOUCEK M D, PEDRAZA E. Control of functional site location for thermosetting latexes［J］. Journal of Coatings Technology Research, 2009, 6 (1): 27-36.

［26］ STUBBS J M, SUNDBERG D C. Core-shell and other multiphase latex particles-confirming their morphologies and relating those to synthesis variables［J］. Journal of Coatings Technology and Research, 2008, 5 (2): 169-180.

［27］ LIU L, LIU Y, WU W, et al. Visualization of film-forming polymer particles with a liquid cell technique in a transmission electron microscope［J］. Analyst, 2015, 140 (18): 6330-6334.

［28］ MARION P, BEINERT G, JUHUÉ D, et al. Core-shell latex particles containing a fluorinated polymer in the shell. I. Film formation studied by fluorescence nonradiative energy transfer［J］. Journal of Applied Polymer Science, 1997, 64 (12): 2409-2419.

［29］ 窦国庆. 新型扩链剂和封端剂对聚脲性能的影响［D］. 南京：南京航空航天大学，2013.

［30］ TOADER G, RUSEN E, TEODORESCU M, et al. Novel polyurea polymers with enhanced mechanical properties［J］. Journal of Applied Polymer Science, 2016, 133 (38): 43967-43974.

［31］ IQBAL N, TRIPATHI M, PARTHASARATHY S, et al. Polyurea coatings for enhanced blast-mitigation: a review［J］. RSC Advance, 2016, 6: 109706-109717.

［32］ FRAGIADAKIS D, GAMACHE D, BOGOSLOVOV R, et al. Segmental dynamics of polyuria: Effect of stoichiometry［J］. Polymer. 2010, 51 (1): 178-184.

［33］ PATHAK J A, TWIG J N, NUGENT K E, et al. Structure Evolution in a Polyurea Segmented Block Copolymer Because of Mechanical Deformation

[J]. Macromolecules, 2008, 41 (20): 7543-7548.

[34] REINECKER M, SOPRUNYUK V, FALLY M, et al. Two glass transitions of polyurea networks: effect of the segmental molecular weight [J]. Soft Matter, 2014, 10 (31): 5729-5738.

[35] GRUJICIC M, SNIPES J S, RAMASWAMI S, et al. Coarse-grained Molecular-level Analysis of Polyurea Properties and Shock-mitigation Potential [J]. Journal of Materials Engineering and Performance, 2013, 22 (7): 1964-1981.

[36] CASTAGNA A M, PANGON A, CHOI T, et al. The Role of Soft Segment Molecular Weight on Microphase Separation and Dynamics of Bulk Polymerized Polyureas [J]. Macromolecules, 2012, 45 (20): 8438-8444.

[37] GRUJICIC M, ENTREMON B P, PANDURANGAN B, et al. Concept-Level Analysis and Design of Polyurea for Enhanced Blast-Mitigation Performance [J]. Journal of Materials Engineering and Performance, 2012, 21 (10): 2024-2037.

[38] MICA G, SNIPES J S, RAMASWAMI S, et al. Meso-scale Computational Investigation of Shock-Wave Attenuation by Trailing Release Wave in Different Grades of Polyurea [J]. Journal of Materials Engineering and Performance, 2014, 23 (1): 49-64.

[39] KAZUO S, KOMOTO H. Polyurethanes and polyureas having long methylene chain units [J]. Journal of Polymer Science: Part A, Polymer Chemistry, 1967, 5 (1): 119-126.

[40] SEED D. Structure–property relationships and melt rheology of segmented, non-chain extended polyureas: Effect of soft segment molecular weight [J]. Polymer, 2007, 48 (1): 290-301.

[41] DAS S, YILGOR I, YILGOR E, et al. Probing the urea hard domain connectivity in segmented, non-chain extended polyureas using hydrogen-

bond screening agents［J］. Polymer, 2008, 49 (1): 174-179.

［42］GRUJICIC A, LABERGE M, GRUJICIC M, et al. Potential Improvements in Shock-Mitigation Efficacy of a Polyurea-Augmented Advanced Combat Helmet［J］. Journal of Materials Engineering and Performance, 2012, 21 (8): 1562-1579.

［43］GRUJICIC M, BELL W C, PANDURANGAN B, et al. Fluid/Structure Interaction Computational Investigation of Blast-Wave Mitigation Efficacy of the Advanced Combat Helmet［J］. Journal of Materials Engineering and Performance, 2011, 20 (6): 877-893.

［44］GRUJICIC M, BELL W C, PANDURANGAN B, et al. Blast-wave impact-mitigation capability of polyurea when used as helmet suspension-pad material［J］. Materials & Design, 2010, 31 (9): 4050-4065.

［45］GRUJICIC M, YAVARI R, SNIPES J S, et al. Molecular-level computational investigation of shock-wave mitigation capability of polyurea［J］. Journal of Materials Science, 2012, 47 (23): 8197-8215.

［46］RAHMAN M M, KIM E Y, JI Y K, et al. Cross-linking reaction of waterborne polyurethane adhesives containing different amount of ionic groups with hexamethoxymethyl melamine［J］. International Journal of Adhesion & Adhesives, 2008, 28 (1-2): 47-54.

［47］KIM B, SHIN J. Modification of waterborne polyurethane by forming latex interpenetrating polymer networks with acrylate rubber［J］. Colloid & Polymer Science, 2002, 280 (8): 716-724.

［48］ZHU X, JIANG X, ZHANG Z, et al. Influence of ingredients in water-based polyurethane-acrylic hybrid latexes on latex properties［J］. Progress in Organic Coatings, 2008, 62 (3): 251-257.

［49］AZNAR A C, PARDINI O R, AMALVY J I. Glossy topcoat exterior paint formulations using water-based polyurethane/acrylic hybrid binders［J］.

Progress in Organic Coatings, 2006, 55 (1): 43-49.

[50] CHAI S L, JIN M M, TAN H M. Comparative study between core-shell and interpenetrating network structure polyurethane/polyacrylate composite emulsions [J]. European Polymer Journal, 2008, 44 (10): 3306-3313.

[51] OPREA S, VLAD S, STANCIU A. Optimization of the synthesis of polyurethane acrylates with polyester compounds [J]. European Polymer Journal, 2000, 36 (11): 2409-2416.

[52] KIM I H, SHIN J H, CHEONG I W, et al. Seeded emulsion polymerization of methyl methacrylate using aqueous polyurethane dispersion: effect of hard segment on grafting efficiency [J]. Colloids and Surfaces A, 2002, 207 (1-3): 169-176.

[53] KUKANJA D, GOLOB J, MATJAZ K. Kinetic investigations of acrylic-polyurethane composite latex [J]. Journal of Applied Polymer Science, 2002, 84 (14): 2639-2649.

[54] URSKA S, MATJAZ K. Seeded semibatch emulsion copolymerization of methyl methacrylate and butyl acrylate using polyurethane dispersion: effect of soft segment length on kinetics [J]. Colloids and Surfaces A, 2004, 233 (1-3): 51-62.

[55] URSKA Š, JANVIT G, MATJAZ K. Comparison of properties of acrylic-polyurethane hybrid emulsions prepared by batch and semibatch processes with monomer emulsion feed [J]. Polymer International, 2003, 52 (5): 740-748.

[56] WU L, YOU B, LI D. Synthesis and characterization of urethane/acrylate composite latex [J]. Journal of Applied Polymer Science, 2002, 84 (8): 1620-1628.

[57] WU L, YU H, YAN J, et al. Structure and composition of the surface of urethane/acrylic composite latex films [J]. Polymer International, 2001, 50

(12): 1288-1293.

[58] HUANG Y S, DING S L, YANG K H, et al. Study of anionic polyurethane ionomer dispersant [J]. Journal of Coatings Technology, 1997, 69 (872): 69-74.

[59] ATHAWALE V D, KULKARNI M A. Preparation and properties of urethane/acrylate composite by emulsion polymerization technique [J]. Progress in Organic Coatings, 2009, 65 (3): 392-400.

[60] KIM B K, LEE J C. Modification of waterborne polyurethanes by acrylate incorporations [J]. Journal of Applied Polymer Science, 1995, 58 (7): 1117-1124.

[61] KIM J Y, SUH K D. Preparation of PEG-modified urethane acrylate emulsion and its emulsion polymerization [J]. Colloid and Polymer Science, 1996, 274 (10): 920-927.

[62] SUN F, JIANG S L. Synthesis and characteriation of photosensitive polysiloxane [J]. Nuclear Instruments and Methods in Physics Research Sectioon B, 2007, 254 (1): 125-130.

[63] SUN F, SHI J, DU H G, et al. Synthesis and characterization of hyperbranched photosensitive polysiloxane urethane acrylate [J]. Progress in Organic Coatings, 2009, 66 (4): 412-419.

[64] SUN F, LIAO B, ZHANG L, et al. Synthesis and characterization of alkali-soluble photosensitive polysiloxane urethane acrylate [J]. Journal of Applied Polymer Science, 2015, 120 (6): 3604-3612.

[65] SUN F, JIANG S L, DU H G. The photosensitive properties of polysiloxane acrylate resin containing tertiary amine groups [J]. Journal of Applied Polymer Science, 2010, 107 (5): 2944-2948.

[66] YONG Y, BO L, LI G, et al. Synthesis and properties of photosensitive silicone-containing polyurethane acrylate for leather finishing agent [J].

Industrial and Engineering Chemistry Research, 2014, 53 (2): 564-571.
［67］ZHANG C, ZHANG X, DAI J, et al. Synthesis and properties of PDMS modified waterborne polyurethane-acrylic hybrid emulsion by solvent-free method［J］. Progress in Organic Coatings, 2008, 63 (2): 238-244.
［68］GE Z, ZHANG X, DAI J, et al. Synthesis, characterization and properties of a novel fluorinated polyurethane［J］. European Polymer Journal, 2009, 45 (2): 530-536.
［69］ZHOU J, ZHANG L, MA J. Fluorinated polyacrylate emulsifier-free emulsion mediated by poly (acrylic acid)-b-poly (hexafluorobutyl acrylate) trithiocarbonate via ab initio RAFT emulsion polymerization［J］. Chemical Engineering Journal, 2013, 223 (5): 8-17.
［70］QIONG Z G, HONG Q L, ZENG X Z. UV-curing of hyperbranched polyurethane acrylate-polyurethane diacrylate/SiO_2 dispersion and TGA/FTIR study of cured films［J］. Journal of Central South University, 2012, 19 (1): 63-70.
［71］JI H, CO^TE′ A, KOSHEL D, et al. Hydrophobic Fluorinated Carbon Coatings on Silicate Glaze and Aluminum［J］. Thin Solid Films, 2002, 405 (1): 104-108.
［72］CORTESE G, MARTINA F, VASAPOLLO G, et al. Modification of Micro-channel Filling Flow by Poly (dimethylsiloxane) Surface Functionalization with Fluorine-Substituted Ami-nonaphthols［J］. Journal of Fluorine Chemistry, 2010, 131 (3): 357-363.
［73］FUTAMATA M, GAI X, ITOH H. Improvement of water-repellency homogeneity by compound fluorine-carbon sprayed coating and silane treatment［J］. Vacuum, 2004, 73 (3-4): 519-525.
［74］YAN Z, LIU W, GAO N, et al. Synthesis and characterization of a novel difunctional fluorinated acrylic oligomer used for UV-cured coatings

[J]. Journal of Fluorine Chemistry, 2013, 147 (7): 49-55.

[75] WANG H, TANG L, WU X, et al. Fabrication and anti-frosting performance of super hydrophobic coating based on modified nano-sized calcium carbonate and ordinary polyacrylate[J]. Applied Surface Science, 2007, 253 (22): 8818-8824.

[76] MOON J I, LEE Y H, KIM H J, et al. Investigation of the peel test for measuring self-cleanable characteristic of fluorine-modified coatings [J]. Polymer Testing, 2012, 31 (3): 433-438.

[77] BONGIOVANNI R, MEDICI A, ZOMPATORI A, et al. Perfluoropolyether polymers by UV curing: design, synthesis and characterization [J]. Polymer International, 2015, 61 (1): 65-73.

[78] LUO Q, SHEN Y, LI P, et al. Synthesis and Characterization of Crosslinking Waterborne Fluorinated Polyurethane-Acrylate with Core-Shell Structure [J]. Journal of applied polymer science, 2014, 131 (21): 40970-40978.

[79] 韩文礼，徐忠苹，王雪莹，等. 紫外线对有机涂层的破坏机理及应对措施 [J]. 石油工程建设，2007，33（2）：18-20.

[80] 王芳. 有机高分子文物保护材料稳定性研究 [D]. 西安：西北大学，2005.

[81] HOYLE C E, KIM K J. Effect of crystallinity and flexibility on the photodegradation of polyurethanes[J]. Journal of Polymer Science Part A: Polymer Chemistry, 1987, 25 (10): 2631-2642.

[82] 胡建文，高瑾，李晓刚，等. 紫外光对丙烯酸聚氨酯清漆的老化影响规律研究 [J]. 中国腐蚀与防护学报，2009（5）：371-375.

[83] 徐永祥，严川伟，丁杰，等. 紫外光对涂层的老化作用 [J]. 中国腐蚀与防护学报，2004，24（3）：168-173.

[84] ZIA K M, BHATTI I A, BARIKANI M, et al. Surface Characteristics of

UV-irradiated Polyurethane Elastomers Extended with α, ω-alkane diols［J］. Applied Surface Science, 2008, 254 (21): 6754-6761.

［85］ALVES P, PINTO S, KAISER J P, et al. Surface grafting of a thermoplastic polyurethane with methacrylic acid by previous plasma surface activation and by ultraviolet irradiation to reduce cell adhesion［J］. Colloids and Surfaces B: Biointerfaces, 2011, 82 (2): 371-377.

［86］谭晓倩，史鸣军. 高分子材料的老化性能研究［J］. 山西建筑，2006，32（1）：179-180.

［87］OMASTOVÁ M, PODHRADSKÁ S, PROKEŠ J, et al. Thermal ageing of conducting polymeric composites［J］. Polymer degradation and stability, 2003, 82 (2): 251-256.

［88］BOUBAKRI A, HADDAR N, ELLEUCH K, et al. Influence of thermal aging on tensile and creep behavior of thermoplastic polyurethane［J］. Comptes Rendus Mecanique, 2011, 339 (10): 666-673.

［89］CHEN H, LU H, ZHOU Y, et al. Study on thermal properties of polyurethane nanocomposites based on organo-sepiolite［J］. Polymer Degradation and Stability, 2012, 97 (3): 242-247.

［90］HERRERA M, MATUSCHEK G, KETTRUP A. Thermal degradation of thermoplastic polyurethane elastomers (TPU)based on MDI［J］. Polymer degradation and stability, 2012, 78 (2): 323-331.

［91］郑敏侠，钟发春，王蔺，等. 聚氨酯胶黏剂降解行为的在线红外表征［J］. 化学推进剂与高分子材料，2009，7（6）：64-66.

［92］江治，袁开军，李疏芬，等. 聚氨酯的 FTIR 光谱与热分析研究［J］. 光谱学与光谱分析，2006，26（4）：624-628.

［93］DAVID R. BAUER. Global exposure models for automotive coating photo-oxidation［M］. Polymer Degradation and Stability, 2000, 10 (6): 297-306.

［94］黄文捷，黄雨林．高分子材料老化试验方法简介［J］．研究与开发，2009，（9）：71-74.

［95］汪学华．自然环境实验技术［M］．北京：航空工业出版社，2003.

［96］吕桂英，朱华，林安，等．高分子材料的老化与防老化评价体系研究［J］．化学与生物工程，2006，23（6）：1-4.

［97］化学工业部合成材料老化研究所．高分子材料老化与防老化［M］．北京：化学工业出版社，1979.

［98］高晓敏，何舟，杨雪海．部分高分子材料老化研究进展［J］．合成材料老化与应用，2005，34（1）：39-43.

［99］施纳贝尔．聚合物降解原理及应用［M］．北京：化学工业出版社，1988.

［100］刘晓娟，段舜山，李爱芬．利用微藻培养生产类胡萝卜素的研究进展［J］．天然产物研究与开发，2007，19（2）：333-337.

［101］黄键，陈必链，梁世中，等．紫球藻的营养成分评价［J］．食品与发酵工业，2005，（6）：105-106.

［102］唐玲，武彦文，欧阳杰．β–胡萝卜素生产方法研究进展［J］．食品研究与开发，2009，30（1）：169-171.

［103］CRANK G, PARDIJANTO M S. Photo-oxidations and photosensitized oxidations of vitamin A and its palmitate ester［J］. Journal of Photochemistry and Photobiology A: Chemistry, 1995, 85 (1-2): 93-100.

［104］KOZLOV E, IVANOVA R, SAVOSINA L. Oxidation of vitamin A acetate in soybean oil［J］. Technology, 1971, 5 (10): 24-29.

［105］FAILOUX N, BONNET I, PERRIER E, et al. Effects of light, oxygen and concentration on vitamin A_1［J］. Journal of Raman Spectroscopy, 2004, 35 (2): 140-147.

［106］ZYGOURA P, MOYSSIA T, BADEKA A, et al. Shelf life of whole pasteurized milk in Greece: effect of pack aging material［J］. Food Chemistry, 2004, 87 (1): 1-9.

［107］FRANK E, RUNGE R. Use of microcalorimetry inmonitoring stability studies. example: vitamin A esters［J］. Journal of Agricultural and Food Chemistry, 2000, 48 (1): 47-55.

［108］李专成. 维生素A合成工艺评述［J］. 化学工程与装备，2009（2）：95-100.

［109］任国谱，颜景超. 乳制品中维生素A稳定性的研究进展［J］. 中国乳品工业，2009，37（10）：34-38.

［110］LOVEDAY S, SINGH H. Recent advances in technol-gies for vitamin A protection in foods［J］. Trends in Food Science and Technology, 2008, 19 (12): 657-668.

［111］刘厚均，郁为民，宫涛，等. 聚氨酯弹性体手册［M］. 北京：化学工业出版社，2001.

［112］ALISHIRI M, SHOJAEL A, ABDEKHODAIE M J, et al. Synthesis and characterization of biodegradable acrylated polyurethane based on poly (ε-caprolactone) and 1, 6-hexamethylene diisocyanate［J］. Materials Science and Engineering C, 2014, 42: 763-773.

［113］WANG H, NIU Y, FEI G, et al. In-situ polymerization, rheology, morphology and properties of stable alkoxysilane-functionalized poly (urethane-acrylate)microemulsion［J］. Progress in Organic Coatings, 2016, 99: 400-411.

［114］AMROLLAHI M, SADEGHI G M M. Assessment of adhesion and surface properties of polyurethane coatings based on non-polar and hydrophobic soft segment［J］. Progress in Organic Coatings, 2016, 93: 23-33.

［115］ZHAO Z, LI X, LI P, et al. Study on properties of waterborne fluorinated polyurethane/acrylate hybrid emulsion and films［J］. Journal of Polymer Research, 2014, 21 (6): 1-9.

［116］何曼君，张红东，陈维孝，等. 高分子物理［M］. 上海：复旦大学出版社，2007.

［117］MENG Q B, LEE S I, NAH C, et al. Preparation of waterborne polyurethanes using an amphiphilic diol for breathable waterproof textile coatings［J］. Progress in Organic Coatings, 2009, 66 (4): 382-386.

［118］吕桂英，朱华，林安，等. 高分子材料的老化与防老化评价体系研究［J］. 化学与生物工程，2006，23（6）：1-4

［119］DAVYDOV Y Y, KARYAKINA M I, et al. Photooxidation of Crosslinked Polyurethane［J］. Polymer Science USSR, 1981, 23 (4): 953-959.

［120］GARDETTE J L, LEMAIRE J. Photo-thermal Oxidation of Thermoplastic Polyurethane Elastomers: Part 3—Influence of the Excitation Wavelengths on the Oxidative Evolution of Polyurethanes in the Solid State［J］. Polymer Degradation and Stability, 1984, 6 (3): 135-148.

［121］HOYLE C E, EZZELL K S, NO Y G, et al. Investigation of the Photolysis of Polyurethanes Based on 4, 4′-Methylene Bis (phenyl-di-isocyanate) (MDI)Using Laser Flash Photolysis and Model Compounds［J］. Polymer Degradation and Stability, 1989, 25 (2): 325-343.

［122］THAPLIYAL B P, CHANDRA R. Advances in Photo-Degradation and Stabilization of Polyurethanes［J］. Progress in Polymer Science, 1990, 15 (5): 735-750.

［123］ROSU D, CIOBANU C, ROSU L, et al. The Influence of Polychromic Light on the Surface of MDI Based Polyurethane Elastomer［J］. Applied Surface Science, 2009, 255 (23): 9453-9457.

［124］SAAD G R, KHALIL T M, SABAA M W. Photo-and Bio-Degradation of Poly (Ester-urethane) s Films Based on Poly [(R)-3-Hydroxybutyrate] and Poly (ε-Caprolactone) blocks［J］. Journal of Polymer Research, 2010, 17 (1): 175-185.

［125］贺传兰，张银生. 聚氨酯材料的老化降解［J］. 聚氨酯工业，2002，17（3）：1-5.

［126］陈晓康，宁培森，王玉民，等. 提高聚氨酯耐紫外老化性的研究进展［J］. 热固树脂，2009，24（6）：35-42.

［127］刘凉冰. 聚氨酯弹性体的紫外线稳定性［J］. 弹性体，2001，11（1）：13-17.

［128］郭振宇，胡世伟，丁著明. 聚氨酯抗紫外线性的研究进展［C］. 中国塑料加工工业协会 2009年塑料助剂生产与应用技术信息交流会论文集. 2010：116-122.

［129］袁幼菱，艾飞. 臭氧化法在高分子生物材料表面改性中的应用［J］. 化学通报，2002，65（12）：814-818.

［130］杨健，王晓琳. 聚丙烯微孔膜亲水化研究进展［J］. 高分子材料科学与工程，2006，22（4）：6-9.

［131］YANG Y, WANG H, LI X, et al. O_3/UV synergistic aging of polyester polyurethane film modified by composite UV absorber［J］. Journal of Nanomaterials, 2013: 4.

［132］钱沙华，韦进宝. 环境仪器分析［M］. 北京：中国环境科学出版社，2004.

［133］华幼卿，金日光. 高分子物理［M］. 北京：化学工业出版社，2013.